修篱筑道

——家庭庭院的设计与布置

【日】株式会社主妇之友社　著
梁晨　译

中国水利水电出版社
www.waterpub.com.cn
·北京·

PROLOGUE

前言

拿起这本书的你，想必是第一次想要挑战庭院设计吧，是不是既充满期待又有些许的紧张不安呢?

本书介绍了庭院设计的基础内容，采用大量图片的同时，展示了许多简单又美观的操作范例。此外，本书介绍的植物均以容易栽培的种类为主，对完全没有园艺经验的人来说也简单易懂。书中实际的操作和解说由庭院设计经验丰富的香山三纪老师担当。

请把这本书作为你从零开始的“第一本”庭院设计入门书，尽情参考，并进一步丰富你的知识和经验，设计出有自己风格的庭院，日常生活也变得充实起来。

此外，本书是以日本关东平原地区的环境为基准进行解说，而地域的不同也会导致植物生长状况的不同，请根据实际生活的地域的气候进行合适的植物管理。

CONTENTS

CONTENTS

CHAPTER 2

庭院规划

微型花园
日阴花园
杂木之庭
蔷薇花园
果蔬花园
盆植花园
阳台、露台花园

有多少种生活，就有多少种庭院

庭院是一个人生活方式的延伸，是为家庭、兴趣等服务的室外生活空间。就如客厅、餐厅、卧室等各有其目的，当设计庭院时，你首先应该明确自己想在这里做什么。

例如，你可以配合使用目的，设计能和孩子、宠物玩耍的庭院或种植花朵的庭院等，也可以重视观赏性，设计从客厅里可以眺望欣赏的庭院、将建筑物作为背景从外面看起来美观的庭院等。

此外，庭院的情调很大程度上取决于庭院的大小、形状、种植的植物等，同时也受地域的气候以及房子周围环境的影响。换句话说，正所谓有多少种生活，就有多少种个性的庭院。

我们首先介绍几种有代表性的庭院风格，作为庭院规划的参考。

充分利用狭小空间

微型花园

通过高低差打造“曲径通幽”之感

玄关前面的小花坛和细长的过道等空间较为狭小，如果种植高低一致的植物，会使庭院显得太过平面化。而利用不占地的中型开花树木、苗条且生长稳定的针叶树木等乔木植物进行搭配，制作出高低差，则可以强调深度，使庭院看上去比实际更大。

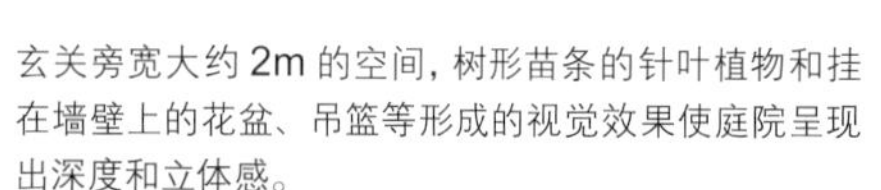

玄关旁宽大约 2m 的空间，树形苗条的针叶植物和挂在墙壁上的花盆、吊篮等形成的视觉效果使庭院呈现出深度和立体感。

灵活运用容器和悬挂物

类似细长的过道这样的空间，如果在地面直接种植过多的植物，人会难以通过。因此，为了便于日后调整，推荐使用可以移动的容器种植草本花卉并进行搭配。巧妙利用吊篮还可以成为墙面的美丽装饰。

布置了枕木和岩石的堆石庭院。在几处种植上针叶植物，即使到了冬天也不会在很大程度上改变印象，可以尽情享受庭院中的绿色。

日照不充分的过道里，种植凤仙花和彩叶草可以给人留下明亮的印象。在地面拐角处种植活血丹等地被植物，可以表现出纵深的空间感。挂在墙壁上的吊篮也可以为整个庭院添彩。

种植适合培育地点的植物

狭小的地方常常旁边紧挨着建筑，处于日阴处且不易被雨水浇灌。相反地，向南的入口等地方，有时直射阳光会过于强烈。因此，是选择日阴处也可以很好生长的植物，还是选择耐干旱的植物等，应根据种植地点的环境来决定。

玄关前安静的花草丛。后方种植的是少花蜡瓣花，前方将鸣子百合、华鬘草和玉龙草进行搭配做出高低差。

以树形紧凑生长的红山紫茎为中心，红砖围起的小型花坛。除了给人留下自然的印象，将装饰物和草本花卉搭配组合的过程也很有乐趣。

为阴凉处增添时髦色彩

SHADE GARDEN

日阴花园

水灵灵的万年草在凉爽的树荫下舒展。到了春天，它们齐开出向上立起的黄色小花，成为一道别致的风景线。而银纹沿阶草的白斑则形成了巧妙的点缀。

选择适合环境的植物

我们要意识到一点，即使被一概地叫做“日阴”，根据场所明亮程度的不同也会有所不同。建筑物、大型常绿树木的阴凉下等地方几乎一整天都处在黑暗阴影中，这些地方比起东侧的过道前和能在上午接收 1~2 小时日照的地方，栽培条件有很大的不同。像沿阶草这样的植物在非常昏暗的地方也可以生长，而像圣诞玫瑰这样的植物则喜欢稍明亮的日阴处。应当仔细观察，选择种植适合不同场所环境的植物。

种植喜阴植物

也许你会觉得，如果没有充足的阳光就不能像想象的那样进行庭院设计，但实际上植物中也有许多不能强光直射的种类。将这种类型的植物巧妙地组合起来进行庭院设计，也一样可以打造出理想的院子。例如，有着美丽白色叶子和黄色斑纹的玉簪，比起向阳处，在日阴下叶子不容易被晒伤，从而更能生机勃勃地成长。请不要因为处于日阴处就轻易放弃，在喜阴植物中挑出你喜欢的花朵和叶子，试着将这些植物列一个清单吧!

在铺着亮色红砖的过道旁可以种植彩叶草、凤仙花、圣诞玫瑰等植物。由于红砖的颜色很明亮，有着深紫色叶片和绿色边缘的彩叶草可以打造出沉稳又时髦的花坛。

明亮的日阴处使绣球花和马蹄莲茂盛地生长。以青色和白色为主的色彩搭配给人清爽的感觉，这样的花丛使本来沉闷的梅雨季节变得令人期待。搭配花丛时在台阶上放置了容器，利用了高低差。

收集几种像有斑纹的常春藤、活血丹、玉簪，有金黄色叶子的风知草，以及有星形斑纹的石蕗这样的植物，可以搭配出令人印象深刻的庭院一角。

POINT

即使被叫做“日阴”，其条件也因地而异。应注意仔细观察一天中种植的地点能接收到多少的光照。此外，季节的变化也会导致光照情况的变化。

感受自然之安逸

杂木之庭

范本是自然风景

杂木之庭以阔叶树为主，种植了多种多样的树木，是一种将杂树丛一般的自然情趣再现出来的庭院设计。春天的新绿和花开、夏天的树荫、秋天的红叶以及冬天树木的英姿等四季景色均可以在这里享受到。

在直线较多的院子里，种上几棵杂木，可以描绘出柔软的线条，使庭院的风景变得更加多彩。各种各样的叶形植物混合种植的杂草丛也是出色的搭配，打造出仅有绿色也美丽的庭院。

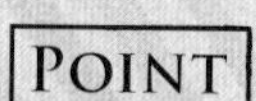

POINT

杂木之庭一旦种上树木和花草，经过几年生长稳定下来后便不需要花太多的工夫去打理了。这也是它的魅力之一。

树下草丛的选择也很关键

在树木的根部种上草本花卉、地被植物作为树下草丛，可以增添自然感。多年生草本花卉、山野草、彩色观叶植物等种类都是不错的选择。然而，种植过多会导致闷蒸，成为病虫害的诱因，因此种植时要注意疏密的平衡。欣赏随着时间的推移而渐渐改变的景色也是一种乐趣。

在竹篱笆边的树丛周围用杂草丛和景石勾勒出自然的线条，适当地种上枫树、荚蒾树、秋牡丹和淫羊藿等山野草。像这样种上红叶或黄叶的树木便可以享受到后山一般的秋日风景。

沿着现代化的瓷砖地面和金属栏杆边缘种植多种类的杂木丛。半日阴处清凉的一角，绿叶沙沙地摇曳着，带来明亮感和柔和感。

在向南的露台前种植树干光滑、初夏盛开白色花朵的姬沙罗，夏天的时候叶荫给家中带来清凉，冬天的阳光则可以透过落叶的树枝洒向家中，带来温暖。

将姿态不同的树木组合起来

将高度不一的树木组合种植可以增添风景的深度。另外，把单株的种类和根部长出多株的种类组合起来，种植这样形态不一的树木也可以起到很好的效果。落叶阔叶树不仅有变化多样的外观，夏日可以遮光带来阴凉，秋日的落叶可以提亮庭院，随着季节的变化为我们创造舒适的生活环境。

欣赏芬芳

ROSE GARDEN

蔷薇花园

任何人都向往的花之庭院

以优美华丽的蔷薇属花卉为主角、各式的草本花卉为配角的蔷薇花园是许多人所向往的庭院设计。这样的庭院虽然被普遍认为很费工夫且对新手来说太难了，但其实蔷薇既可以直接种在院子里，也可以种在容器里，是一种结实的植物。而且，各个季节多次开花的品种也很多，可以打造出一年中都鲜花盛开的庭院。

随着生长而变化的景色

蔷薇属根据系统、树形、花色、花形的不同可以分为多个品种，让人眼花缭乱。首先，想象一下你喜欢的蔷薇花园的样子。其次，把握好院子的日照、通风等环境状况。只要选择想象和实际环境相符合的品种，蔷薇花卉就可以健康地生长，随着时间流逝，你心中所描绘的庭院就成型了。

在向外凸出的窗户旁架起铁制篱笆支柱，将窗户下方花坛中的蔷薇向高处引导。在蔷薇的根部种植麦仙翁、球吉利等多年生植物，蔷薇和地面之间的空隙由花朵连接。

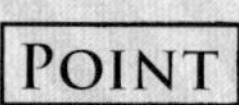

巧妙地利用栅栏、圆柱花架、廊架、拱形花架等园艺资材，可以打造出有立体感和深度的庭院。

在树木的周围用红砖搭起高设花坛风格的圆圈，在外侧种植小型蔷薇、内侧摆设几盆不同种类的盆植蔷薇，这样便可以享受在小小的空间内进行蔷薇搭配的乐趣。盆植便于移动，因此组合起来也自由自在。季节变换，好花常开，你可以打造变化丰富的风景。

花坛中的灌木月季与房屋墙壁上的藤本蔷薇遥相呼应，花开满庭，朝气四溢。在蔷薇的芬芳中度过的下午茶时间简直是无与伦比的享受。

在红山紫茎下制作一个小花坛并布置了盆植蔷薇的庭院一角。利用树木、蔷薇和草本花卉的高低差形成了绝妙的搭配。红山紫茎两侧的高设花坛中种植了藤本蔷薇，打造出有整体感的风景。

在玄关一侧的甲板露台下放置的花盆里，藤本蔷薇“冰山”攀缘而上。玄关前的迎客蔷薇推荐选择香气可人的品种。在花盆中还混植着一些对防治病虫害有效的药草类植物。

选择气味符合喜好的品种

蔷薇不但外观漂亮，气味也是其魅力之一。充满花香的庭院，就像是一个露天的起居室，成为治愈的空间。此外，如果在窗边布置上藤本蔷薇，那么房间的中央也可以享受到花朵的香味。在房子的外壁和院墙上种上藤本蔷薇，也会受到过路的人的喜爱。

美味又养眼 KITCHEN GARDEN

果蔬花园

用百里香在庭院一角划分出几何图案形状的区域，种植不同的蔬菜，十分富有创意。在一侧种植的是有防虫效果的薰衣草。这是一个将药草类和蔬菜类植物巧妙组合起来的时尚果蔬花园。

注重美观的蔬菜种植

所谓果蔬花园，并非是追求收获量的一垄一垄的田地，而是注重美观的庭院风格的一种。除了重视美味性以外，选择像紫甘蓝、瑞士甜菜这样色彩美丽的蔬菜进行种植，还可以表现出果蔬花园独特的鲜艳感。

在架子上摆放着盆植药草，像园艺店的展示台一样。在花盆的材质、颜色上下工夫，对标签、手写牌等进行DIY也是一项有趣的作业。架子的周围种的是有着美丽青柠色叶子的金钱草。

和草本花卉一起享受花开的乐趣

除了可以培育、收获、食用之外，蔬菜、药草类的花朵还具有观赏性，而这也是果蔬花园特有的乐趣。不妨将蔬菜、药草类植物与习性相合的草本花卉混植，打造自然的花朵搭配。

这是一个圆形果蔬花园，在中央放置盆植制造出立体感，间隔处种植一圈金盏花。野草莓红色的果实与金盏花黄色的花朵形成了鲜明的对比。金盏花还有驱虫的功效。

在周围铺上红砖过道，用木框围成盒状的果蔬花园。番茄与习性相合的罗勒混植，另外，矮牵牛和金盏花也呈现出夏日特有的华丽色彩。支柱采用的是矮竹，使整体显得更自然。

支柱和间隔也需要下工夫

种植蔬菜需要经常使用支柱，为了打理方便，留出一定的空间与隔断也是有必要的。选择材料的时候应注意庭院自身的协调性，如选择天然素材、能与院子融为一体的颜色等。间隔除了可以用红砖、木框等素材外，还可以考虑用叶菜、药草等种类的植物围起来这样的创意。

POINT

打造果蔬花园，最好在离厨房较近、方便照料并且日照良好的地方划分出一个区域。种植的植物则推荐好用的药草和需要经过较长时间才可以收获的蔬菜等种类。

植物的种类与位置变化多端

CONTAINER GARDEN

盆植花园

在花坛的中心收集各种花盆容器装饰起的庭院一角。装饰性强、大小不一的花盆容器酝酿出立体感和古典韵味。它与作为背景的地植羽扇豆相互协调，搭配绝妙。

搭配可以有无数种

花盆泛指可以种花的全部容器，而以花盆种植的植物构成的庭院叫做盆植花园。盆植最大的魅力在于，在没有土地的地方也可以享受庭院设计的乐趣。与直接在院子中种植不同的是，它方便移动，而且变换花样也可以轻松完成。

用有高度的庭院树木打造立体感

由于可以随意移动，在容器中种植庭院树木也是很好的选择。比起草本花卉，树木有一定的高度，方便用于改变庭院整体的印象，每次移动便可以创造一种新鲜的风格，这想必也是一种乐趣所在。

品种和花色不同的雏菊混栽。株形较高的白花品种在后方，粉色、杏黄色的品种在前方，仿佛是一捧可爱动人的花束。

将玄关前的过道以矮牵牛吊篮装饰，下方仅用彩叶植物装饰即可。花朵和绿色的对比十分出彩。

打造无论何时都华美的一角

即使是同一种植物，根据使用的容器和组合的植物的不同，也有许多种搭配方法可以乐在其中。在玄关前或一眼就能看到的地方种植、排列上当季盛开的草本花卉，可以吸引眼球。将它们与花坛、花草丛等组合放置，或者利用花座也是一个不错的创意。

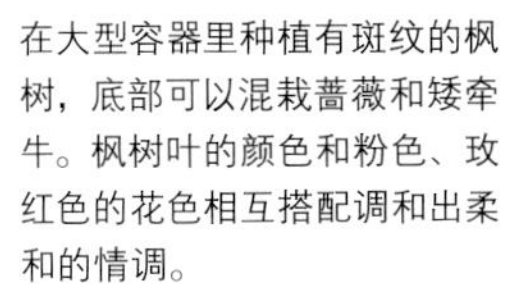

在大型容器里种植有斑纹的枫树，底部可以混栽蔷薇和矮牵牛。枫树叶的颜色和粉色、玫红色的花色相互搭配调和出柔和的情调。

针叶植物也同样适用于盆植。图中，在东侧的露台上放置的是因其银蓝色叶子而颇有人气的针叶植物“蓝杉”（Hoopsii），它与后方花格墙上缠绕的盆植藤本蔷薇“龙沙宝石”形成了美丽的对比。蓝杉由于不适应闷热的环境，夏天应把它移动到通风较好的半阴凉处。

在窗边搭设的木甲板上方和其周围，利用高低差将蔷薇、爱沙木（Eremophila nivea）等开花植物进行展示。洒水壶和小摆件也有效地增添了一丝趣味。

POINT

应注意将各种大小不同的容器有立体感地组合在一起。另外，将彩叶植物和草本花卉植物巧妙地组合在一起可以营造出蓬松感和一体感。

空间利用是关键　VERANDA GARDEN, TERRACE GARDEN

阳台、露台花园

想象一个被花朵围绕的空间

在阳台或露台上也可以通过有效地利用容器打造出自然的庭院。此外，也可以利用篱笆、栅栏或墙面，悬挂吊篮或缠绕性植物。这样一来，即使是狭小的空间也可以培育许多植物，超乎想象。即使没有地面空间，也可以设计出接近理想的庭院。

POINT

要注意有效地利用墙面和房顶等空间，构造成让人感觉不出狭窄的立体空间。木甲板和栅栏的使用也要迎合整体的预想和质感。

将鼠尾草和百里香等药草在较深的赤陶花盆中混栽，为果蔬花园增添一层趣味。不适宜闷热环境的药草类植物在盆植时应使用花盆垫脚在盆底留出空间，以确保排水性和通气性良好。

将藤本蔷薇大量地引导到墙面和栅栏上，创造出被鲜花包围的空间。这种分量感让人想象不到其实花朵是盆植的。在蔷薇芬芳的包围下度过的下午茶时间，成为了自在而优雅的一番体验。

在宽敞的露台上大量放置盆植，打造出一个美丽的花园。这个设计在避免平面化上也下了些工夫，有效地利用了大型容器和花架。在露台周围种植的树木，创造出一片充满自然感的风景。

庭院是露天的房间

说到生活轨迹延长线上的阳台和露台，其魅力在于可以让我们马上走出房间与植物接触。如果能够配合室内装饰，选择木甲板、瓷砖的质感和与室内房间的颜色达成统一的话，则可以设计出像房间一样的花园。不妨放置上园艺专用的桌椅套件，来这里读书或享受下午茶吧。

不要忘记安全措施

在风较强的高层阳台或露台上，要注意应将植物用支架固定结实，吊篮类的花盆应用铁丝或绳子加强卡子的固定，防止被风吹走或落下。注意不要使排水口堵塞，此外，浇水时不要给下层的住户造成困扰，这一点也十分重要。

在廊架的地板上铺上木甲板、摆上桌椅，打造出一个休息的场所。在廊架的横梁上挂上吊篮盆栽，在桌子和甲板的一角摆上盆栽，这里便成为了一个充满你喜爱的植物的绿色小天地。

庭院设计的基础

围起庭院
培育树木
制作花坛
铺装地面
草坪地面

植物目录
- 缠绕性植物
- 树木
- 多年生草本植物
- 一年生草本植物
- 球根花卉
- 观叶植物
- 地被植物

把试错也当做一种有趣的体验

在什么样的地方种什么样的植物？如何围起庭院？地面铺设什么好？人通过的地方要怎么办？虽然被一概地称为“庭院设计”，庭院其实包含着各种各样的要素，每项要素都有它们各自的设计基础。然而这些也只不过是一些基础，根据植物的特点进行组合搭配、根据环境特点进行实际应用等也是必须要做到的。

本章将为你介绍庭院的代表要素及其设计基础，此外还将介绍一些适合新手的植物。

随着庭院设计的进行，你也许会想要了解更多。那样的话，请参考介绍有更详细技巧的书籍，不断磨练你的技术。

收集信息进行思考、试错、花时间研究……逐渐打造接近理想庭院的过程也是庭院设计的乐趣之一。

围起庭院

用木质围栏制作
柔和的边界线

把院子围起来就是把家围起来。尽管把家围起来的目的之一是阻挡外来的视线，需要不透明性以及一定的高度，但使用混凝土围墙会容易有压迫感且影响通风。因此，这里推荐木质围栏。

木质围栏虽然耐久性稍微差一些，但留出适当的空隙可以使通风良好，缓和闭塞感的同时也有效地划分了区域。

用被称为Lattice的框架围成的格子状板框或百叶窗状的木质篱笆墙当作基础，绕上缠绕性植物或挂上吊篮，让围栏起到边界线作用的同时，也应注意一下从家内外看来它是否足够美观。

为使通风良好而倾斜地组装的百叶窗状围栏，用作隔开邻家的围墙高度也刚刚好。悬挂的吊篮植物为其增添了华丽的情调。

面向道路的边界线用较低的围栏可以给人留下明亮开放的印象。支撑的立柱上方摆设上盆植，起到画龙点睛的作用。

不特意设立门柱，用这种左右对称的形式配置围栏，做成一个简便的庭院大门。在前方摆设上容器形状一致的盆植，给人留下端庄的印象。

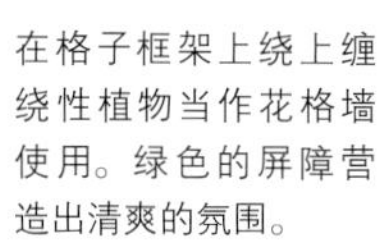

在格子框架上绕上缠绕性植物当作花格墙使用。绿色的屏障营造出清爽的氛围。

结合喜好和使用目的选择树木

将树木并排种植修剪成可以作为庭院边界线的树篱，也是一种给人留下柔和印象的围院方法。选择种植的树木时，应考虑的因素有叶子的颜色、形状的喜好、茂密程度、适合遮挡、防盗等目的等。

可以马上拿来用作遮挡的种类有长势旺盛的光叶石楠，一年中需要两次修剪。其他还有珊瑚树、细叶冬青等，同样是耐修剪的种类。而叶子细长而浓密的齿叶冬青和紫杉则给人一种结实、端庄的感觉。另外，选择的树木与建筑物的平衡性也应该加以考虑，选择叶子颜色合适、方便培育的种类等。

鲜明美丽的线条

紫杉

紫杉有着常年绿色、硬而细的叶子，无论是西洋风还是和风的庭院均可以使用。它的耐寒性强，如果不剪枝便会长成高树。虽然在日阴处也可以生长，它更喜爱日照良好、排水性好的地方。紫杉在秋季会结出红色的果实。

满当当的茂密绿叶

常春藤

常春藤有着富有光泽的深绿色叶子，十分容易培育。可以让它直接攀上砖墙，也可以将它缠绕在花格墙等地方。

POINT

无论是选择围栏还是树篱，规划时都应该考虑对周围的影响，如是不是破坏了街景的美观、有没有影响道路的通行、落叶有没有给邻居带来困扰等。

鲜艳红色的新芽

红叶石楠

红叶石楠耐修剪，萌芽能力强，是用作树篱的代表性树木。春季和秋季长出的新芽为红色，富有光泽，与西洋风、和风均可以很好地搭配。修剪时期在 3 月和 8 月。

围起庭院

围栏的设立方法

要笔直结实地固定

木质的容易加工的格子框架是比较方便使用的园艺材料。设立围栏时最重要的是，柱子要固定稳固、没有倾斜地以同样的高度立起。

为了当挂上吊篮或绕上缠绕性植物时也不会被风摇动，根基的四周应压上红砖，牢牢地将柱子支撑固定住。调整高度的时候，可以使用水平仪或注水的透明软管。

如果要涂漆装饰的话，则应该在设立之前提前涂好。无论是否刷油漆等着色涂料，都应当刷上一层木器漆（渗透性木材保护剂）防止木头被腐蚀。

1

准备格子框架和柱子

准备好所需材料，提前将格子框架的安装位置做好记号。如果还没有进行防腐加工，应先涂刷木器漆。

2

确定好位置后挖洞

确定好柱子的位置并在地面上做好记号后，用铲子挖洞。为了使柱子不摇晃，应埋在地下30～40cm处。

3

用红砖支撑柱子

将柱子插入洞中，四周用红砖固定住。要点在于要使柱子不摇晃、结实稳定地固定住。

可以选用的五金零件

边角的地方需要承受较大的压力，为了使其不变形可以使用直角支架来加固。

使用金属地桩托架，不仅可以轻松地固定柱子，而且还有托架地下的部分不易被腐蚀的优点。关键在于打地桩时要垂直向下钉打。

4

确认垂直

把一头绑着钉子等重物的线从上方垂下，检查柱子是否垂直。第二根柱子也以同样的方式立起。

5

使柱子的高度一致

参照注水的透明管或水平仪，使柱子的高度一致。柱子与柱子的间隔也尽量保持一致。

6

安装组合

将格子框架和柱子先摆在一起，准备组装。

7

用钉子固定

使用耐久性强的不锈钢木螺钉，将格子框架固定在柱子上。使用电钻可以轻松地完成。

8

完成

组合完成后，确认一下有没有倾斜的地方，如果有歪掉的地方进行微调整即可。

可攀上围栏的缠绕性植物

这里向大家推荐一些可以攀上围栏、格子墙的缠绕性植物。
展开网来引导藤条，也可以作为绿色的窗帘或隔墙使用。

自古以来广为所爱的夏花

牵牛花

Ipomoea nil

旋花科：一年生缠绕草本，长3m左右

1 缠绕在花格墙上的牵牛花。
2 三色牵牛，又叫做美国牵牛、西洋牵牛、早晨的荣耀（morning glory）。

牵牛花可以说是夏天的代名词，据说在江户时代就有形态各异的多种品种流行，而现在也存在着许多园艺品种。
作为“绿色窗帘”，可以使用的近缘品种有：藤蔓长长伸展、到中午都不凋谢的三色牵牛（I. tricolor）；叶子上没有裂口的圆叶牵牛（I. purpurea）；宿根类的变色牵牛（I. indica）等。三色牵牛和圆叶牵牛也叫做西洋牵牛。

［栽培要点］

栽培牵牛花可以选择4～6月播种，或者购买盆植培育。牵牛的藤蔓不要任其生长，应有计划地引导，这样才会培育得姿态优美。

花朵多彩的缠绕性开花植物

铁线莲属

Clematis spp.

毛茛科：缠绕木本，长2～5m

1 大花系铁线莲。
2 以4枚花瓣为特点的蒙大拿系铁线莲。

铁线莲属虽然有许多种类，而适合缠绕在围栏上的有这些品种：以日本的风车为由来的大花系，以中国的铁矿为由来的佛罗里达系，以原产于喜马拉雅4～5月开花的小朵多花的蒙大拿系，以及美国原产的德克萨斯系等。无论是哪种都可以长出长长的茎，叶柄缠绕在围栏上。

［栽培要点］

铁线莲喜爱稍明亮的日阴处和不会极端干燥的、富含腐殖质的土地。推荐在寒冷的地区培育耐寒的蒙大拿系、在温暖的地区培育耐暑的德克萨斯系等。由于根据品种的不同修剪的方法也不同，购买时需先确认好品种的特性。

甜甜的香气令人愉悦

金银花

Lonicera spp.

忍冬科：常绿缠绕木本，长3～5m
别名：忍冬

金银花的花朵，飘散着甜甜的香气。

在日本分布广泛的忍冬（L. japonica）的同类中，还有像原产于欧洲等地的香忍冬（L. periclymenum）等几种忍冬属园艺品种，也作为金银花在市面上流通。这些品种大多为常绿缠绕植物，健壮且生长快，可以用来缠绕在围栏上欣赏。其甜甜的香气也十分具有魅力。

[栽培要点]

种植后将抽出的长长的藤蔓进行引导，随后也不任其伸展是培育优美花藤的诀窍。长大后如果生长得过于茂盛则应重新进行整理，只留下一半，剩余的毫不犹豫地修剪掉。

圆圆的小小的果实十分有趣

风船葛

Cardiospermum halicacabum

无患子科：一年生缠绕草本，长2～3m
别名：气球藤

风船葛的花和果实。白色的花朵小小的，不怎么显眼。

风船葛是一年生草本，它的茎呈缠绕状伸长，卷须缠绕围栏或花架蔓延。由于风船葛整体并不大，因此也推荐盆植培育。夏天开的花虽然小小的并不显眼，开花后直径约3cm的绿色中空果实便一个接一个地长出来，一直到晚秋都可供欣赏。每个果实中都结出3粒黑色且有白色心形印记的种子，十分可爱。

[栽培要点]

在秋季，果实变成茶色后便可以从中取出种子保存，4～5月时播种。适合发芽的温度为20°C～25°C。栽培时应放在日照良好的场所，并且多施富含磷酸的肥料。

树篱的制作方法

❶ 完成时想要达到的高度

1

将树苗沿直线种植

左右两边立上柱子，在中间搭一根横木，沿着横木种植树苗并绑在横木上固定。树苗之间的距离虽然需要随着树木种类而变化，但一般留出大约 30cm。

❶

❷ 沿着这条线修剪

剪掉粗枝条

2

将树枝修剪到想要完成高度稍微靠下的地方

当树枝顶端长到想要达成的高度时，先修剪一次，使树枝顶端到达 30cm 左右靠下的线上（❷）。然后，把粗枝剪短成小枝（红线）。

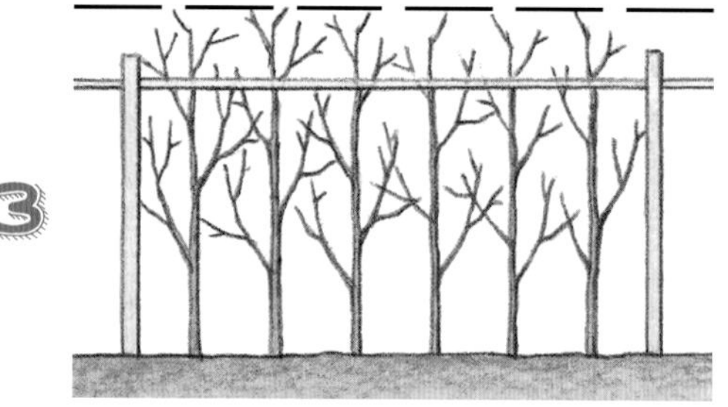

❷

3

将粗枝剪短之后

像这样仔细地修整后，下方的树枝和树干上就会均匀地长出小枝，变成浓密的树篱。

*图 1 ~ 图 3 省去了树叶部分

4

修剪树篱

一年中 1 ~ 2 次将树篱修剪到想要完成的高度。第一次将粗枝剪短成小枝，之后用剪刀修剪到想要完成的高度即可。

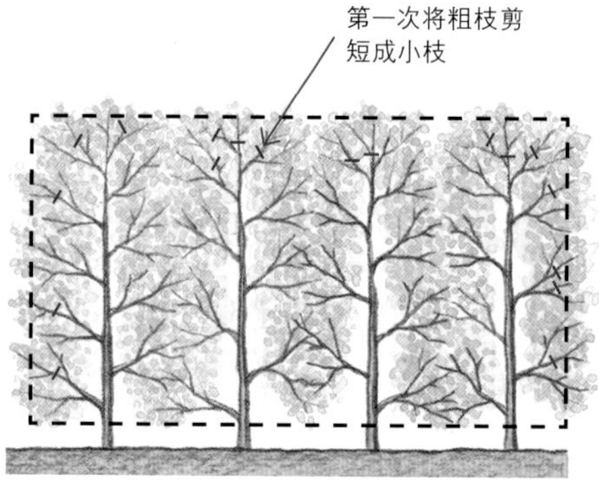

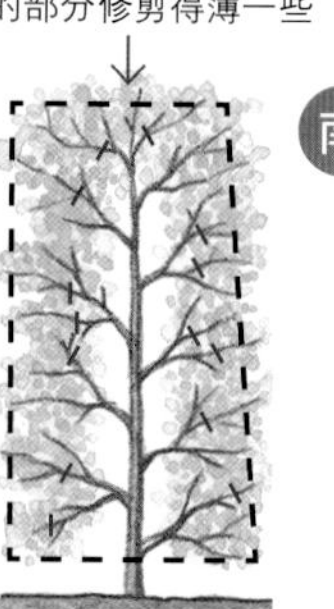

从侧面看的样子

过厚树篱的修剪

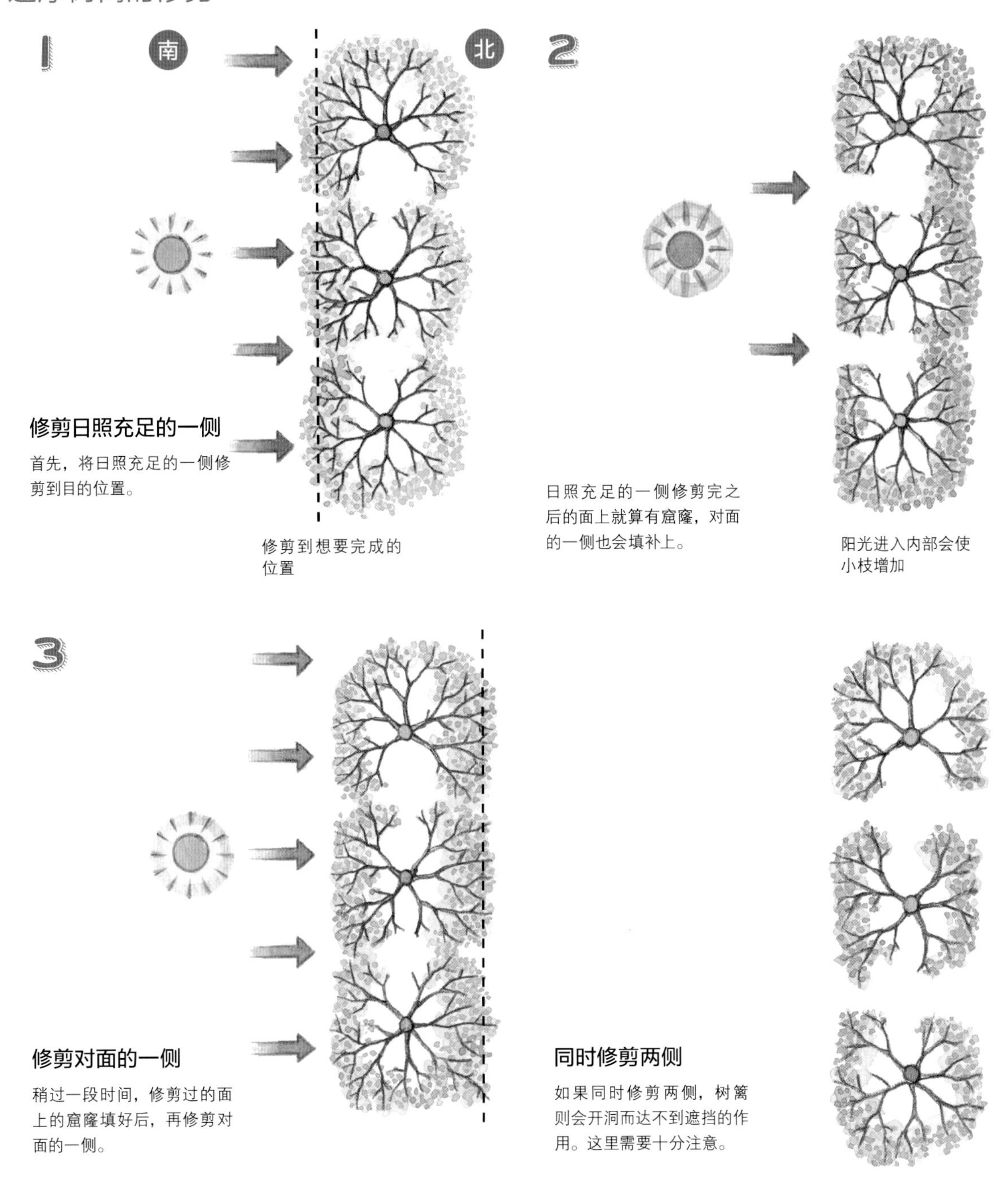

修剪日照充足的一侧

首先，将日照充足的一侧修剪到目的位置。

修剪到想要完成的位置

日照充足的一侧修剪完之后的面上就算有窟窿，对面的一侧也会填补上。

阳光进入内部会使小枝增加

修剪对面的一侧

稍过一段时间，修剪过的面上的窟窿填好后，再修剪对面的一侧。

同时修剪两侧

如果同时修剪两侧，树篱则会开洞而达不到遮挡的作用。这里需要十分注意。

培育树木

高设花坛与院墙使用做旧红砖砌成，与房屋的外墙形成协调一致的感觉。覆盖窗边生长的花楸和白檀的枝条伸展开来，从室内向外看去是一番令人愉悦的绿色风景。树下草丛选择了匍匐型或弯曲下垂的植物，与红砖呈现出自然的整体感。

按照目的和场所选择植物

庭院树木同样有许多的作用。根据高度、生长速度、枝条的伸展方式、叶子的浓密程度，以及是落叶树木还是常绿树木等要素的不同，阳光的遮光方法和通风方法也会随着变化，因此应选择符合目的和种植场所环境的树木。

例如，在靠北侧、全年需要遮挡的地方，可以选择常绿且适应日阴处的山茶花，而南侧的露台前则可以选择夏天树叶清凉、冬天落叶可以透过温暖阳光的姬沙罗。另外，在不能频繁照料或空间较为狭窄的地方，则可以选择生长速度慢的种类。

如果是为了纪念新家完成或小孩诞生而种植的标志树的话，则推荐选择开花或结果的树木，与家庭的历史一同成长，成为家族的象征。如果是为了代替门柱而种植的迎客树的话，笔直生长、剪影苗条的树木则是不错的选择。

还需要决定的有，是种植小树苗还是生长到一定程度的树，根部要怎样展开等。由于植物一旦种植后便不能轻易地改变，因此请仔细考虑好后再进行选择。

大门前的小花园种植几棵姿态不同的植物，宽松地培育充满绿色的庭院。两棵树木成为了迎客树。

有分量感的开花树木为庭院增添鲜艳的色彩。在半日阴、日阴的地方则推荐种植绣球花，绣球花健壮容易培育，与西洋风或和风的庭院均可以很好地融合在一起。

用红砖搭设圆形的边缘围住标志树来保护树木，同时也可以作为花坛使用。可以看出这棵树被很好地珍惜着。

这是种植了 7 种不同种类针叶植物的一角，冬天也可以欣赏美丽的叶色和浓密的树姿。叶色变化多端，横向蔓延展开，向上则是尖尖地生长。这种树形的变化使得整体即使没有花朵也显得多姿多彩，配上几块造景石便可以打造出堆石风格的庭院。

POINT

根据光照情况和种植场所的不同，需要考虑是选择常绿植物还是落叶植物、什么颜色的花等。树苗则要选择适合种植场所大小的尺寸，这样才能培育出根叶健康、生长茂密的树木。

可用作标志树的树木

院子里就算只有一棵高个子树木，庭院的感觉也会一下子变得丰富起来。常绿树木、落叶树木、开花树木、针叶树等，虽然种类繁多，但推荐选择那些不需要太费工夫的种类。

为春日添彩的常见开花树木

山茱萸

Cornus florida

山茱萸科：落叶乔木，高3～12m

别名：美国山法师

1 山茱萸。

2 山茱萸的白色花种。

3 有斑纹的山法师品种，就算没有花朵也可供欣赏。

山茱萸原产于北美东部到南部，大正年间日本向美国赠送了樱花，而作为回礼美国赠送给日本山茱萸的传闻十分有名。山茱萸和樱花同时期开花，秋天会结出红色的果实。它的红叶十分美丽，树形也十分端庄，是非常优秀的树种。山茱萸的近亲山法师（C. kousa）原产于日本，花为白色，叶上带有美丽的斑纹，作为园艺品种十分具有人气。

[栽培要点]

山茱萸喜爱阳光。由于花芽长在枝端，因此要注意夏季之后不要剪掉枝端。不需要的枝条应在1～3月之间剪掉。每过几年需要把主干砍短一次，以防止树木生长得过高。

枝条柔软清凉的常绿树

光蜡树

Fraxinus griffithii

木犀科：常绿灌木，高2～10m

树叶常绿的冬天也很美丽的光蜡树。初夏时小小的白花呈穗状盛开。

光蜡树为常绿树木，分布于日本冲绳至东南亚一带，其枝条柔顺伸展、随风摇曳的样子使它非常具有人气。叶子是清爽的亮绿色，初夏则开出许多散发香气的白色小花。光蜡树的枝条不会横向延伸，因此也适合种在狭小的庭院里，特别是与西洋风格的庭院十分相配。光蜡树虽然结实却不耐寒，因此不适合种植在寒冷的地带。

[栽培要点]

最好是种植在日照良好、不会被北风吹到的地方。如果放任其生长，光蜡树可以长到10m高，因此每两年应将粗枝条从杈部砍掉一次，对主干进行更新。

夏天盛开的清秀白花备受欢迎

红山紫茎

Stewartia pseudocamellia

山茶科：落叶乔木，高10～20m
别名：沙罗树

红山紫茎的白色花朵。

红山紫茎树形端正美丽，夏天会开出清秀的白花，是给人带来清爽气息的人气开花树木。它野生在日本东北南部至九州的山地地带，秋天的红叶也可以供人欣赏。由于它可以长得很大，因此在小型院子中推荐选择整体较小的姬沙罗（S. monadelpha）。然而，无论哪种山茶科植物，都需要注意防治茶毒蛾害。

[栽培要点]

红山紫茎是野生在山地湿润场所的植物，不耐强烈的日照和干燥，因此最好种植在西边太阳直射不到的半日阴处。由于它成株生长，应将粗枝干从植株根部数年砍掉一次，对主干进行更新。

叶色美丽，十分适合西洋风庭院

针叶树木（日本扁柏、日本花柏、罗汉柏属）

Conifer

红豆杉科、罗汉松科、杉科、柏科等
常绿灌木或乔木，高0.5～20m

各种各样的针叶树木。中间的是科罗拉多蓝杉。

针叶树木是红豆杉科、罗汉松科、杉科、柏科等针叶树类的总称，小型且叶子漂亮的种类经常用作庭院树木。针叶树木有许多园艺品种，树形也有长成圆锥形或圆形的各种各样的种类。虽然在庭院中适合种植生长速度较慢的种类，但这种会长得过大，因此选择可以在花盆中种植的种类也是不错的选择。

[栽培要点]

针叶树木多数野生在寒冷地带，不耐暑，因此适合种植在不会被西边太阳直射的地方。施肥培育的话容易长得过大，因此应控制肥料的使用，如果种植在庭院里的话，无肥料培育也可以。关键在于尽可能地抑制它的生长。

可用于遮蔽的中型树木

如果是用作遮蔽道路上路人的视线，推荐选择高 2m 左右的中型树木。
使用叶子呈金黄色、有斑纹等叶色明亮的品种，则不会使庭院显得昏暗。

叶子美丽的初夏开花树木

金叶风箱果

Physocarpus opulifolius f. *luteus*

蔷薇科：落叶灌木，高1m左右
别名：美国风箱果

叶子为金黄色的美丽的金叶风箱果。

金叶风箱果是原产于北美东部至中部的落叶灌木，初夏的时候会开出白色的花朵。叶子在夏天的时候会保持明亮的黄色。虽然在日语中它的名字带有“粉花绣线菊”，但实际上与粉花绣线菊不同，是风箱果属的植物，也叫做“黄金麻球”在市面上流通。同样类型的植物还有紫叶品种的紫叶风箱果，以“红叶麻球”“紫叶麻球”的名字在市面上流通。

[栽培要点]

金叶风箱果喜爱阳光，但盆植时要注意防止干燥。适合在1～2月进行修剪，修剪时应将旧枝从杈部剪掉，剩下的枝条根据喜好修剪即可。

白色的叶子使庭院变明亮的小乔木

杞柳“白露锦”

Salix integra

杨柳科：落叶小乔木，高3m左右

长出美丽新叶的“白露锦”。刚抽芽时为粉色，不久后变成白色，之后长出绿色的部分变成有斑纹的叶子。

杞柳是最近才开始普及的、有美丽斑纹的柳树种类。从春季到夏季，它的叶子呈现出绝妙的色彩。杞柳的枝条并不下垂，而是笔直地向上伸展，叶子多对生是它的特征。杞柳的萌芽力很强，因此可以通过在喜欢的位置修剪来调整姿态，也可以修剪成标准式样或做成树篱。杞柳生性顽强，可以通过插条种植来进行繁殖。

[栽培要点]

作为柳树的一种，杞柳不耐干燥，因此如果盆植的话应注意及时浇水。适合在2～3月进行修剪，修剪时将旧枝从杈部剪掉即可，也可以把长得过长的枝条尖端修剪短。

白色和淡黄色的叶缘斑十分漂亮，耐修剪

银姬小蜡

Ligustrum sinense ‘Variegatum’

木犀科：常绿灌木，高2m左右
别名：西洋水蜡树

叶子上有明亮的斑纹，可供全年欣赏的银姬小蜡。

银姬小蜡是水蜡树的近亲，有着带白色斑纹的叶子和柔美的姿态。野生于日本的水蜡树(*L. obtusifolium*)是落叶性植物，而这个品种只要不是在非常寒冷的地方均可以保持常绿，其清爽的叶色提亮了整个庭院的色调。银姬小蜡长势强，十分耐修剪，让它长出浓密的小树枝，也可以作为树篱和造型灌木使用。5～6月可以欣赏到白色的花朵。

[栽培要点]

银姬小蜡适合种植在日照良好的地方。适合修剪的时期为3月和7月下旬，在小型庭院中也可以把枝条修剪得很短。如果在10～11月以后修剪或移栽，叶子会容易掉落，因此应避免在冬季进行修剪。

适合西洋风住宅，清爽的观叶树

粉叶复叶槭“火烈鸟”

Acer negundo ‘Flamingo’

槭树科：落叶乔木，高10～15m
别名：梣叶枫

粉叶复叶槭虽然是枫树的近亲，但叶子只是刚有齿裂的程度。新芽被染上粉色，十分美丽。

粉叶复叶槭一般不叫做复叶槭，而是叫它的日语名“梣叶枫”。它原产于北美东部，1882年被引进日本。新叶有粉色斑纹的“火烈鸟”最具人气，叶色为青柠绿的金叶复叶槭等一些品种也广为人知。由于它耐寒性强，很早就开始在北海道被种植了。

[栽培要点]

由于粉叶复叶槭容易被强风刮倒，因此应种植在不会被强风吹到的地方。适合修剪的时期为1～2月。剪枝时一定要从杈部剪掉。注意在切口处涂抹愈合剂防止腐烂也是很重要的。

芬芳的开花树木

请务必要尝试一下在庭院中种植散发香气的开花树木。气味清爽的瑞香，气味甜美的栀子、丹桂……有特点的芬芳四散在周围，告知着季节的到来。

呼唤春天的清爽香气沁人心脾

瑞香

Daphne odora

瑞香科：常绿灌木，高1m左右

瑞香代表早春的香味，有红花、白花、斑叶等多个品种。

瑞香是原产于中国的开花树木，自古以来它的香味就为人所爱。相比瑞香可以简便地插条种植这一点，它的移栽却十分困难，因此最好种植在不需要移栽的地点。瑞香在半阴处也可以很好地生长。虽然瑞香在种植初期枝条稀少略显寂寥，随后枝条每年都会增加，姿态自然地调整，因此不需要定枝整枝。瑞香同样耐修剪，可以作为树篱使用。

[栽培要点]

虽然瑞香几乎不需要修剪，但枝条长得混杂的时候，可以在花谢之后把混杂部分的旧枝和徒长枝从杈部剪掉，增强通风。如果将粗枝大量地剪掉，植株会变得衰弱，因此一次修剪掉的量不要超过全株的1/3。

花香扑鼻的开花树木

栀子

Gardenia jasminoides

茜草科：常绿小乔木或灌木，高3m左右

梅雨时节散发甜美香气的栀子，照片中的是重瓣大花栀子。

栀子从梅雨时节开始至夏季会开出白色的大花，花朵带着甜甜的香气，特别是在晚上会散发出浓郁的香味。虽然花开后的第二天就会变成黄色的花骨朵，夏季期间花朵则会一个接一个地盛开。栀子的种类繁多，除了大型的重瓣大花栀子（Gardenia）以外，树高30cm左右的还有单瓣、重瓣、有斑叶变种的栀子等。

[栽培要点]

栀子应在向阳处培育，在严寒地区应采取防风保护措施。适合修剪的时期为花谢后，在一处长出许多枝条的地方只留下2～3根，其余的从杈部剪掉以疏松枝条。对于农药难以起效的害虫咖啡透翅天蛾应予以捕杀。

美好而略带忧伤的秋之气息

丹桂

Osmanthus fragrans var. *aurantiacus*

木犀科：常绿乔木，高5～7m

丹桂的花朵。除丹桂之外，还有白色花的月桂、浅黄色花的金桂等种类。

秋季，芳香四溢的花朵开满枝头，是有代表性地赏味开花树木的季节。由于丹桂耐修剪，因此也可以作为树篱或园艺造型使用。如果用作赏花植物，则不需要太多的修剪，只要把不需要的枝条从杈部剪去进行疏枝即可。丹桂萌芽力强，如果长得过大也可以大胆地进行修剪，重塑树形。如果在日照不好的地方种植，开花状况也会受到影响。

[栽培要点]

种植的时候要牢固地架起支柱使其稳定，直到扎根为止需要采取遮光措施。适合修剪的时期为花谢后或2～3月，修剪的时候将开过花的枝条留下2～3节，其余的进行短截。丹桂4月时新梢开始伸展，到6月末左右便开始长出花芽，因此在那之后尽量避免修剪。

品味香蕉般的甜香

含笑花

Michelia figo

木兰科：常绿小乔木，高3～5m
别名：唐黄心树、香蕉花

含笑花的花朵。从其大雌蕊和多个雄蕊可以看出来含笑花是木兰的同类。

含笑花原产于中国南部，花期在5～6月，散发着像香蕉一样的气味。由于含笑花生长得十分缓慢，因此最适合种植于狭小的庭院。开红紫色花朵的园艺品种Port Wine则散发出类似香草的味道。经常种植于神社中作为神树的台湾含笑（C. compressa）则没有香味。

[栽培要点]

由于含笑花不耐寒，因此可以种植的地区在日本关东地区以西，不会被北风直吹且日照良好、水分充足的地方。含笑花不喜移栽，因此应慎重选择种植地点。虽然没有特别的修剪的必要，长得过长的枝条可以在2月上旬或花期之后从杈部剪掉，或者留下3～5个芽，剪掉其余的部分。

长出美丽红叶的树木

在秋季染上美丽颜色的树木可以让我们感觉到季节的变化。
春日的抽芽、初夏的新叶、冬日枯萎的样子也别有一番风情。

黄色的日本特有树木

连香树

Cercidiphyllum japonicum

连香树科：落叶乔木，高30m左右

染上黄色的连香树树叶。

连香树是日本特有的树木，圆圆的心形树叶在秋天会染上黄色。其落叶有着独特的芳香。连香树在春天叶子长出来之前虽然会开出深红色的花朵，但由于花形较小，并不显眼。春天的新绿也非常漂亮。由于连香树有容易分蘖的特性，植株会逐年长大，不需要特意进行修剪也可以自然成形，然而在小庭院中，需要适当修剪枝条以防止它长得过大。

[栽培要点]

连香树虽然是十分结实的树木，但要注意防止干燥。修剪时将不需要的枝条从杈部剪掉进行疏枝即可，长得过大的树干从根部砍掉，使其重新分蘖。

最适合作为树篱的小型杜鹃花种类

日本吊钟花

Enkianthus perulatus

杜鹃花科：落叶灌木，高约3m

日本吊钟花春天时开出的白花和新叶也十分美丽。

日本吊钟花秋天时的红叶十分漂亮。这种植物虽然经常被修剪成圆圆的造型，但由于它任何位置都会萌芽，让枝条自然伸展形成自然的树形也是不错的选择。它同样适合作为树篱使用。日本吊钟花在5月左右会开出类似铃兰的白色壶形、面向下的花朵，而开出红色花朵的品种红吊钟花（E. cernuus）同样具有人气。日本吊钟花喜爱阳光，因此如果在日阴处培育会影响开花，红叶也不会生长得很漂亮。

[栽培要点]

如果要做成圆形造型或树篱，需要一年分别在花期后的6月和12月进行修剪。如果要保持自然则不需要特意修剪，由于日本吊钟花很容易分蘖，所以在冬天时把旧树干从根部砍掉进行更新即可。日本吊钟花不喜欢碱性土壤，因此不可以给它施加石灰。

枝上长出翅膀的“锦之木”

卫矛

Euonymus alatus

卫矛科：落叶灌木，高3m左右

作为树篱种植的卫矛。

卫矛是世界三大红叶树之一，秋天时它的美丽不负其“锦木”（日语名称）之盛名，红色的果实也十分漂亮。枝条上长出的软木质“翅膀”是卫矛的特征。没有这种“翅膀”的种类通常叫做“小真弓”，而只在粗枝上长“翅膀”的中型种类等也存在，因此有时无法严格地区分。卫矛的萌芽力强，既可以修剪成圆球造型或树篱，也可以任其自然伸展。

[栽培要点]

卫矛虽喜光，在半阴处也同样可以生长。修剪要放在冬季，将全体1/3的枝条剪掉。作为红叶树的共通点，要十分注意防止断水，保护叶子不受伤是培育出美丽红叶的秘诀。

有着美丽红叶和红色果实的吉利树

南天竹

Nandina domestica

小檗科：常绿灌木，高1～2m

在秋天可以同时欣赏南天竹的果实和红叶。

南天竹是有着漂亮红叶的灌木植物。5～6月白色的小花呈簇状开放，冬天结出许多鲜红美丽的果实。由于南天竹的名字在日语中包含着“颠覆困难”的意义，所以它也经常作为吉利树而广为所爱。南天竹有许多品种，如锦丝南天、筏南天、多福南天、竹叶南天等，但玉果南天竹的果实为白色，叶子也不会变红。虽然南天竹在日阴处也可以生长，在日照和排水良好的地方则可以更好地结果。

[栽培要点]

虽然南天竹任其生长树形也可以自然成形，但结过果实的树枝3年之内都不会再结果，因此可以从杈部剪掉以更新，也可以考虑到高度将枝条适当地剪短。如果植株生长得过大，则可以将旧枝从杈部剪掉，使树形看上去更清爽。适合修剪的时期为2～3月。

开出美丽花朵的树木

包括针叶树木在内，几乎所有的树木都会开花，然而大多数都是小小的不显眼的花朵。
四季开出不同的美丽花朵的树木给庭院带来一丝明亮。

在梅雨时节为庭院添彩的华丽花朵

绣球花

Hydrangea spp.

虎耳草科：落叶灌木，高0.5～1.5m

可以欣赏绣球花红色、紫色、青色的花色变化。

绣球花是有代表性的初夏之花，5～7月梅雨时节开花。它长势旺盛十分容易培育，因此在日本任何地方都可以种植。绣球花有多种颜色和花形，还可以培育出边缘有渐变色轮廓的花种。最近，像原产于北美东部的白色的“安娜贝尔”和小型而花色丰富的山绣球系品种也十分具有人气。

[栽培要点]

绣球花喜爱排水性好、富含腐殖质的肥沃土壤，最好种植在不会被北风吹到、日照好或半阴处的地方。长得过长的枝条应在花期后立刻剪短。花芽会在9～10月时在新梢顶部生出，因此如果在那之后修剪的话第二年就不会开花了，需要特别注意。

花香引蝶的开花植物

大叶醉鱼草

Buddleja davidii

马钱科：落叶灌木，高0.5～2m
别名：绛花醉鱼草

美丽芬芳的大叶醉鱼草的花朵。

醉鱼草属植物在世界上为人所知的有100多种，虽然在日本也有像日本醉鱼草（B. japonica）这样的野生品种，而被广泛栽培的则是原产于中国的大叶醉鱼草。从6月到10月这一段很长的时间内，散发出香甜气味的花朵在枝头呈穗状盛开，吸引蝴蝶聚集，这一点也十分有名。醉鱼草有许多品种，如浓紫青色的“皇家蓝”、藤色明亮的“粉珍珠”、暗紫红色的“黑夜”等。

[栽培要点]

大叶醉鱼草喜爱日照良好、肥沃而稍稍干燥的地方。日照不足则会影响开花。如果放任生长，大叶醉鱼草会分蘖，成为杂乱的植株，因此最好在落叶时期整理一下根部的枝条，将过长的枝条剪短、混乱的地方进行疏剪。残花应在花开完之后尽快剪除。

像金平糖一样的花苞和成团盛开的花朵

山月桂

Kalmia latifolia

杜鹃花科：常绿灌木，高1～2m
别名：美国石南

每朵花大约2cm，有白色、粉色、红色、紫色等品种。

山月桂属植物在北美至墨西哥一带有7个左右的品种为人所知，一般被种植的品种是原产于北美的美国石南，5月会有花径1.5～2.5cm、形状独特的花20～30朵成团盛开。山月桂是十分好养的开花树木，在不开花的时候，也可以欣赏其富有光泽、厚革质的叶子，同样十分美丽。山月桂有“Ostbo Red”“Alba”（白花山月桂）“Red Crown”“Pink Ball”等多个品种。

[栽培要点]

山月桂喜爱日照良好的地方。由于它喜欢酸性土壤，种植时应种在未经过酸度调整的泥炭藓与鹿沼土的混合土壤中。种植之后也应在4～6月时将未经过酸度调整的泥炭藓敷在植株根部。由于山月桂的生长稳定、树形也不易长乱，因此不需要特意进行修剪，将残花摘去即可。

光滑的树干很有魅力的夏日之花

百日红

Lagerstroemia indica

千屈菜科：落叶乔木，高3～9m
别名：紫薇

夏日的阳光下盛开的原色花朵十分美丽。

百日红原产于中国南部，在盛夏时节，它的枝头会开出许多有小褶的花朵。百日红的树干光滑，据说猴子骑在上面都会滑下来，它的日语名也因此而来。它的汉语名“百日红”则由于它较长的花期而来。百日红的花一般是红色和淡红色，也有白色花朵的品种。小型百日红是规格较小的、适合盆植或在小型庭院中栽培的品种。

[栽培要点]

百日红喜欢日照和通风良好的地方以及排水性好的肥沃土壤，不适宜混栽。在12月到3月的落叶期内，一般应将当年开过花的枝条剪掉，这样持续3～4年后，枝头会打结，这个结要剪掉。从地面冒出的蘖，也应该尽早剪掉。

苗木的种植

设想树木长大的样子

种植在地面的树木不能简单地进行变动，因此在种植的时候，就应该考虑树木长大的样子，在周围留出宽裕的空间。此外，随着树木地上部分的生长，地下的根也伸展开来，因此在围墙或建筑物附近种植的时候要特别注意。

确认适当的时期和方法

虽然由于树木种类的不同，种植的适合时期也会不同，但一般情况下树木的种植会在生长停止的晚秋至早春这段休眠期进行，特别要避开酷暑的盛夏。种植的方法也根据树木大小的不同有着不同的注意要点，因此购买时需要进行确认。

1

准备苗木

带育苗盆的苗木需要将育苗盆剥下后种植，根部用麻布或蒲包包起来的苗木可以直接种植（这里使用的是梅树的盆育苗木）。

2

决定种植地点

选择的种植地点应该能挖出直径约为育苗盆直径 3 倍的树坑，用石灰等留下记号以方便辨认。

3

挖树坑并混合基肥

挖深度约为泥球高度 2 倍的树坑，在底部填入腐叶土、堆肥等基肥，充分混合。

4

决定正面方向进行布置

将苗木放样定位，即从多个方向确认枝条的样子后决定种植的方向。与此同时，还要确认一下泥球和地面的高度是否一致。

5

统一高度

泥球顶部比地面低时应在树坑底部填些土，比地面高时则将树坑再挖深一些，将泥球和地面的高度调整一致后，把从育苗盆中拿出的苗木放入坑中。

6

填土并混合

在泥球和树坑的间隙中填入土。为使底部的土也均匀地填入，可以用木棍捣实，如果土的体积缩小了则再加些补足。

7

将土与根系紧密结合

为了使土和根系紧密地结合，在填好土的树坑中浇入充足的水，直到不再产生气泡，称为“定根水”。

8

制作“酒酿潭”

水被吸收后，用土在树坑的周围做环形围堤，即“酒酿潭”，以方便向树坑中注入大量的水。

9

注入大量的水

在“酒酿潭”的内侧注入水，水被吸收后再次注入，重复数次直到不再产生气泡。

10

护苗

在树根成活之前，为了使树苗不倾倒，应架上支柱以支撑。此外，为增强保水性，也推荐使用覆盖栽培法（即在地面覆盖上腐叶土等）。

庭院树木的打理

工具和修剪方法十分关键

树木的剪定是庭院树木打理的内容之一。剪定指的是通过修剪枝条将树木整理成符合喜好的高度或形状的作业。

修剪庭院树木时需要准备修枝剪和绿篱剪。整理粗枝条需要使用园艺锯，而修剪高处手够不到的地方的枝条则需要使用高枝剪。

如果使用不好用的工具或勉强地用力修剪的话，切口可能会被压坏从而伤害树木，也可能导致病原菌的进入。铁质的剪刀容易生锈，因此使用后应擦去污垢，保存在不会被雨水淋到的地方。

树木的剪定包括将长枝剪短的“短截”、将混乱部分进行整理的“疏剪”、将不需要的枝条去掉的“剪除”、修剪成几何形状的“整剪”，以及防止针叶树伸长的“摘芯”等。落叶树木的修剪时期一般在10～12月或4～6月，而常绿树木则在3～5月或9～11月。

粗枝的修剪方法

1

从下方开始入刀

准备好园艺锯，将不需要的粗枝从杈部以下 10cm 左右切入，切到树枝的 1/3 处左右停止。

2

从上向下锯下树枝

在距离锯过的地方 1cm 左右用园艺锯从外侧将树枝切掉。分两次锯掉树枝可以防止树枝的重量将切口撕裂从而损伤树木。

3

在切口处涂抹愈合剂

剩余的部分从杈部切掉，为防止切口处进入病原菌造成树木枯萎，应在切口处及其稍外侧的地方涂抹愈合剂进行保护。

轮生枝的整理

1

确认需要剪定的地方

像照片中这样，从一个地方呈放射状长出、形成像车轮一样形状的新枝叫做轮生枝。其他的无用枝中还有向内侧生长的逆向枝、竖直生长的立枝等。

2

剪下枝条

将生长在下方的细枝条剪掉。切口处从杈部用小刀清理干净，在切口处涂抹愈合剂。

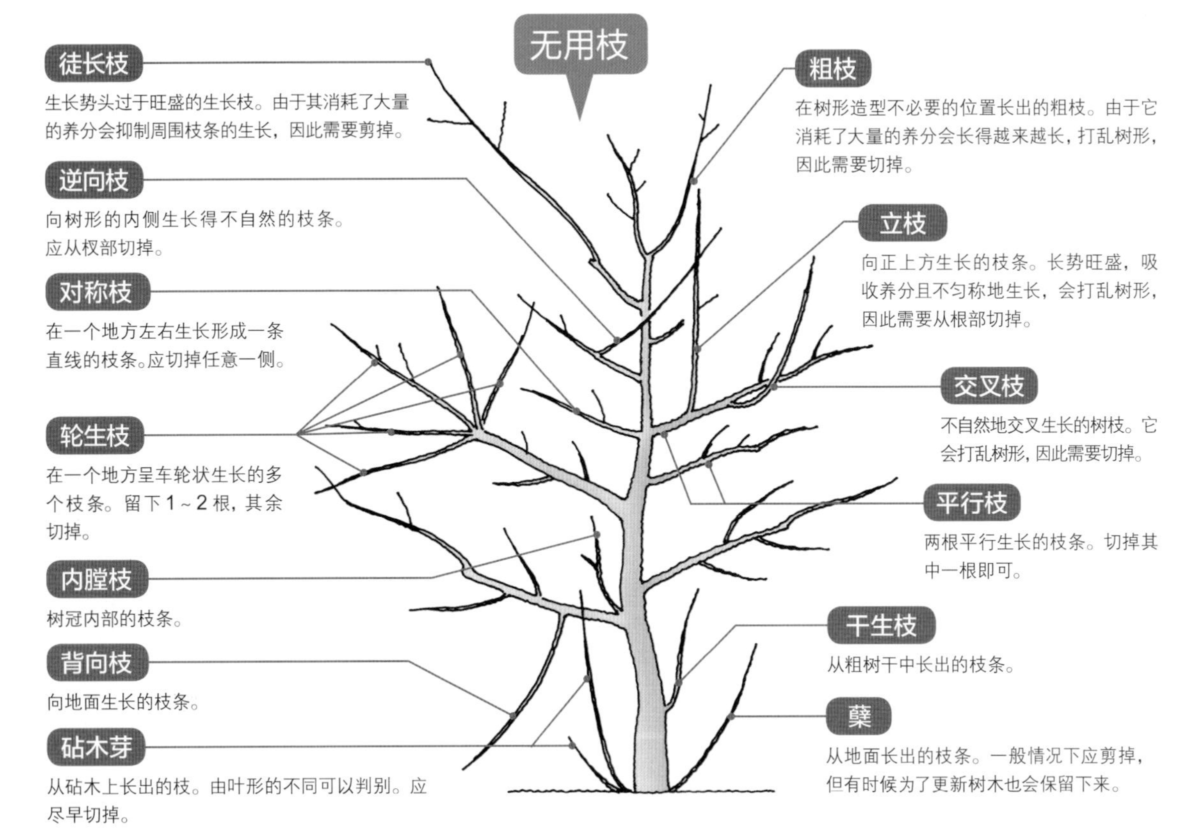

庭院树木的挖掘和移栽

大型树木要提前半年以上准备

如果是遇到搬家、装修等情况，无论如何都需要移栽植物时，要尽可能在不给根部造成伤害的情况下进行移栽。

树木根据种类的不同，适合移栽的时期也不同。常绿植物适合移栽的时期为3月下旬至5月上旬，落叶植物适合移栽的时期则为11月下旬至3月中旬。在移栽之前，一定要先进行“整根”。

移栽前至少半年的时候，先在周围挖一个接近枝条伸展范围大小的圆形沟。这样做的根据是，树木的根伸展的范围通常与枝条伸展的范围大致相同。

之后，将从土地中伸出的细根剪掉，将除了主根以外的粗根剥去15cm左右的表皮，在上方重新埋上土，这个过程叫做“整根”。到移栽之前，在沟的地方会长出新的细根，这些细根会吸收水分，使植物移栽后能够尽快成活。树木还小的情况下，移栽前约3个月的时候可以在周围画一个直径约为树干根部直径5倍大小的圆，用铲子将主根周围以外的根切断。

无论树木的大小如何，主根在挖出之前都不要切断。

一旦挖出来之后，为了使根部泥球保持完整，应使用麻布等包裹并系好，趁根干燥之前尽早种植。种植的方法与树苗的种植方法相同。

像瑞香、牡丹、金雀花、菲油果、草珊瑚、白桦等不喜移栽的植物，如果必须要进行移栽的话，推荐交给专家处理。

1

在挖沟的位置做上记号

“整根”半年后进行移栽。首先，用石灰等在土上画一个圆形记号，大小约为树枝伸展的外围大小。

2

在记号外侧挖掘

在线的外侧从圆心开始沿放射状的方向入铲，挖一个宽沟。

3

处理从土中伸出的根

细根可以用铲子切断，有时候也会有较粗的根从泥球的侧面伸出，这样的根用修枝剪剪断。

4

将植株挖起

用铲子的尖端插向树木的中心，将向正下方生长的主根切断，撬起铲子，将植株挖出。

5

包裹泥球

在展开的麻布上放置挖出的树木，注意不要让泥球散掉，用麻绳固定好，立即浇上水以防止干燥。

6

进行剪定以保持根枝平衡

将根切掉的情况下，水分的吸收量也会相应减少，因此需要减少地上枝叶的数量以与根的数量保持平衡。

挖出后用麻布包裹的茶花。由于还没有长大，用的是将侧面的根切掉的方法进行的移栽准备。切掉根后，为了保持与根的平衡，将树枝进行了短截。

制作花坛

打造使植物健康生长的花坛

培育草本花卉最重要的是做好日照、通风等环境准备以及土壤的制作。由于过道也是必要的，所以庭院不可能全都用来种植植物。这种情况下，花坛便成了庭院设计的重要要素。

土壤的制作需要耕作、混合肥料等，而设置花坛围沿的首要目的则是对土壤所处的环境加以保护。此外，也有像高设花坛这样的，为优化日照、通风条件等将地面抬高的花坛种类。

正如绘画的画框一样，花坛的围沿还可以起到衬托植物的作用。还可以根据个人喜好，打造成英式花园或和风庭院风格等。

花坛围沿的材料可以使用红砖、石头、枕木这样的板方材，也可以使用混凝土或塑料制造的人造木等，颜色、形状、大小多种多样。在庭院的哪里制作什么样的花坛、想培育什么样的植物、想打造什么设计的庭院……请综合考虑这些问题，健康地培育植物，打造出有你自己风格的花坛吧。

庭院设计花费的时间常常以年为单位。每年植物的培育方式都不一样，因此可以说没有所谓的“完成”。花坛制作只是其中的一步，虽然是朴实的土木作业，请一边想象着花草健康成长的样子，一边享受其中的乐趣吧。

为了用植物装饰窗子，沿着建筑物设置了高设花坛。由于高设花坛有一定的高度，它也可以代替围墙作为私人用地和道路的分界线使用。

在铺着草坪的庭院一角，种植的树木根部砌起红砖围沿花坛，在更里面的地方设置了红砖铺设的露台。朴素的红砖与绿色十分相称。

将玄关旁放置着邮箱的小空间用红砖围起，打造成一个高设花坛。它欢迎着回家的家庭成员和造访的客人，是一个很出彩的例子。

以落新妇属、婆婆纳属等多年生草本植物为主的花坛。有些高度的草本植物种植在围沿较高的花坛中，株根隐藏起来使花朵显得更优美。

以原野为意象的花境设计。为了使花坛内外看上去没有不协调的感觉而自然相接，围沿使用了天然石。

POINT

花坛制作需要建筑学上的构思。与房屋的关系、庭院整体的布置、环境的特性、想要种植的植物等……充分地考虑好这些问题后再对花坛的大小、形式、围沿的材质等进行选择。

制作花坛

正式挑战高设花坛

有用的功能多种多样

高设花坛指的是用红砖等围起的高于地面的花坛。它不仅带来让人感到庭院更加立体的视觉效果，还可以帮助解决像“日照、通风不好”“地面倾斜”“土地不能深挖”等庭院的问题。除此之外，高设花坛就如一个被隔开的、大型容器般的空间，当排水性、保水性、酸度等土质特性不适合植物生长的时候，也可以通过改善花坛用土来解决。

1

整地

在制作高设花坛的地方将地面轻轻翻松，尽可能地使地面水平，用耙子等整平地面。

2

放一层红砖摆样

在方材等工具上做好记号作为标尺，一边确认位置一边将第一层红砖摆样排列。

3

拉参照线

在放样的红砖两角打桩，在红砖的第一层和花坛预定高度的位置水平拉参照线。

4

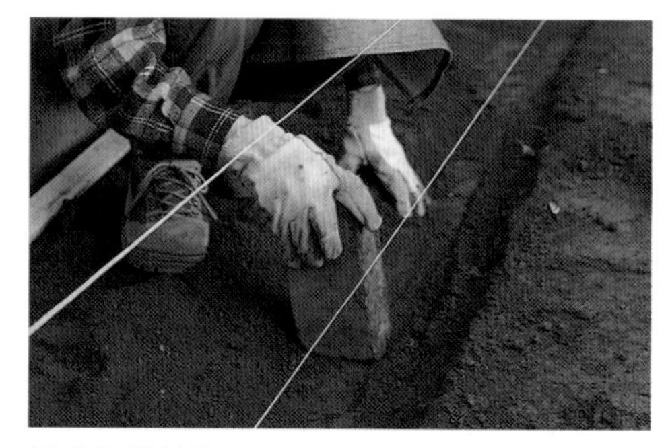

挖水平的地沟

在放置红砖的位置挖掘一个长 15cm、深 5cm 左右的地沟，用红砖夯实。确认好与参照线的距离，将沟底整理水平。

5

用灰泥制作地基

在地沟的边缘支起木板作为模板，倒入灰泥，用抹子整平表面使其水平。

6

固定第一层的红砖

将红砖浸湿以和灰泥更好地粘合，一边用水平仪确认水平，一边放置红砖，使其高度一致。

7

接缝用灰泥填上

垒好第一层后，在红砖与红砖的缝隙（接缝）之间倒入灰泥，使其低于红砖约 5mm 并去除多余的灰泥。

8

在红砖上方铺放灰泥

在第一层红砖上铺放灰泥。使用一次性筷子等厚度为 5mm 左右的方材以适当的间隔排列，更容易使第一层和第二层的红砖间隔保持一致。

9

整理接缝

灰泥开始变干时，拔出筷子，用灰泥填上孔整理好接缝。这时测量一下水平度，将高出来的红砖按下去使红砖高度一致。

10

砌起第三层及之后

在第三层之后也重复以上作业，最后用湿抹布等将接缝之外和附着在花坛上的灰泥擦干净即可完成。

制作排水孔

如果高设花坛下方不是土壤而是混凝土等，会容易造成积水，因此需要在第一层的若干个地方夹上软管或乙烯管，使水可以顺利排出。

*灰泥：由水泥和沙子混合、加水搅拌制成。

制作红砖围边花坛

只要斟酌好位置，操作便十分简单

这里为大家介绍围边花坛的制作方法，围边花坛对新手来说也很简单，只要将红砖排列即可完成。这种花坛不需要用灰泥固定，拆除或重新制作也很容易，就算是在出租屋的院子里也可以享受花坛制作的乐趣。

红砖是一种种类丰富的资材，有古董风格、地中海风格等。红砖还可以较为容易地切开，无论是什么形状、多大的花坛均可以制作。

然而，由于围边花坛的制作需要挖起地面，因此没有土壤的地方作业会十分困难。排水不好的地方也不得不进行较深的翻土，以防根系堵塞和根系腐烂。

此外，还需要避开埋着水管的地方。包括日照和通风等条件，选择制作场所时请仔细斟酌。

1

准备红砖

在草坪庭院的一角制作花坛。首先，选择与种植的花朵和周围的环境相称的红砖，测量好制作花坛空间的尺寸，购买所需数量的红砖。

2

将红砖放置摆样

在想要制作花坛的地方放置红砖摆样，确认一下红砖的数量是否足够、形状是否与预想相符等。摆设的方法按照个人喜好即可，可以像图中那样叠起两层，也可以竖着摆。

3

画出围边的轮廓

在摆好的红砖外侧用石灰等画线，也可以在土上轻轻地划出记号。

4

暂时把红砖拆下

将摆样的红砖拆下，把线内侧的草坪剥掉以作为花坛。

5

沿着记号线入铲

沿着石灰画的线，将铲子的尖端垂直刺入地面，将草坪切断。

6

切分草皮

将要去除的草坪切成容易剥下的大小。

7

剥去草皮

在草皮下方放入镰刀等将草皮剥下。

8

剥下草皮后

这是将草皮干净地剥下后的样子。在这里放入堆肥和肥料等进行造土，做成红砖围成的花坛。

9

剥下的草皮可以再利用

将剥下的草皮保存好，可以在其他的地方重新铺设。

10

挖起土壤

继续将作为花坛部分的土壤全部用铲子挖起，尽量挖出50cm左右。

制作花坛

制作红砖围边花坛

进行造土

如果想制作使草本花卉健康成长的花坛，就算是栽培过草皮的地方，也有必要进行土壤的改良。这需要将挖出的土壤中的小石子、瓦砾、植物的根等仔细地除去，并配合土地状况和想要培育的植物，加入苦土石灰、培养土、泥炭藓、腐叶土、鹿沼土、固体肥料、稻壳炭等适当种类与分量的土壤改良材料。

花坛从造土开始

制作植物健康生长的花坛的诀窍在于造土。在不好的土中，就算是状态绝佳的苗也不会顺利地长大。在没怎么种植过植物的土地上，多多少少会出现一些问题，如“土壤太硬以致无法下铲”“排水不好总是湿答答的”“瞬间就变干了”“酸碱性极端”“养分不足”等。因此，土壤的改良是十分必要的。

虽然酸碱度、养分等状况不能仅通过外观来确认，但是有些情况可以通过触摸来大致了解，这就要看土壤是否形成了团粒结构。土壤细微颗粒如果变成一颗一颗松散状（单粒状态），颗粒间的空隙较狭小，浇水后便会被水淹没，变得如黏土一般硬，从而无法给根供给新鲜的空气。与此相对地，单粒黏在一起变成适度大小、丸子状态的土壤，由于其团粒的间隙使空气和水分容易通过，同时团粒表面和内部还可以储存水分和养分，从而成为兼顾较好的保水性和排水性并富有保肥功能的土壤。

腐叶土对于制作适当的团粒结构十分有效。腐叶土使土壤具有持续的保水性和适度的排水性，还可以增强土壤的保肥性。

此外，土壤在植物生长的过程中有逐渐变成酸性的趋势。这可能是土壤中含有的碱性物质被雨水或浇灌水冲走、过量施氮肥等原因导致。中和偏酸性土壤时，可以在土壤中混入苦土石灰，充分搅拌并放置一周左右再种植植物。

造土应在种植新苗、播种等花坛更新之前进行。从秋季至冬季是进行春花坛准备的最好的时期。

12

混合土壤

用铲子仔细搅拌，使添加的土壤改良材料充分混合。

13

踩实边缘

将摆放红砖的边缘部分踩实。虽然不能做到完美的地步，由于这会影响到完成时的美观度，应尽可能地使深度均匀一致。

14

摆放红砖

踩实边缘后，像摆样时一样码上红砖。

15

打入隔根资材

为了防止草侵入花坛，在花坛边缘的内侧用红砖打入花坛草坪专用的隔土、隔根资材，同时，它被称为“绿化隔离带”，具有防止红砖变形的作用。

16

填足土壤

土壤不足的情况下，加入赤玉土或花坛专用培养土等进行混合。

17

完成

将土壤表面整理平整，把散落在周围的土收拾干净，花坛制作便完成了。

草本花卉苗和球根的种植

预先了解草本花卉的分类

草本花卉分为一年生草本植物、二年生草本植物和以宿根草本植物为首的多年生草本植物。

一年生草本植物指的是从播种到枯死为期一年之内的植物，二年生草本植物指的是该过程为期一年以上两年以内的植物。可以生存三年以上的植物为多年生草本植物，其中，在不适合生长时地面以上部分枯萎的种类叫做宿根草本植物。球根植物是多年生草本植物的一种。

球根植物容易栽培，因此推荐种植。春季种植的大丽花等植物4月份种下，夏季至秋季开花；秋季种植的水仙等则是10月份种下,早春至春季开花；像娜丽花、石蒜这样的植物在8月份至9月份种植，因此被叫做夏植球根。

考虑植物的特征进行组合

制订花坛的规划时，了解植物的生长周期是十分重要的。例如，一年生草本植物七星莲在夏天枯萎后便不会再复活，所以必须连根除去。多年生草本植物虽然种植后便可以放置，但植株长大后，不开花的时期光叶子也会茂密生长，占据了地方，因此需要考虑种植的地点。

像这样将特征不同的植物组合起来制作花坛，种植的时候就应该充分考虑到各个植物的特性。球根植物会将根扎到很深的位置，将一年生草本植物巧妙地推开抽芽，因此种在一年生草本植物的附近也没有问题。一年生草本植物由于生长速度较快，同时种植一年生草本植物需要隔开15cm以上种植。此外，也不要忘记种植前施以基肥，这样才可以使花朵长时间盛开。应当提前施适量的缓效性肥料并与土壤充分混合备用。

考虑开花周期

这里给大家介绍一例从春季到秋季可以在很长的期间内欣赏花朵的花坛。

秋季时，在花坛中种植带花芽的三色堇、香雪球苗和春季开花的球根郁金香，颜色选择白色到粉色系这种柔和的色调。

安排花坛时就先预想花开时的样子。将在高处开花的郁金香种在花坛的后侧，三色堇和香雪球在温暖的环境下长得更大，因此植株间应隔开15cm左右的间距。刚种植上时缝隙会稍引人注目，而到了春天郁金香开放的时候，则可以变成生长茂密、花开四溢的花坛了。

决定种植的位置

将苗和球根放置在土壤上，决定种植的位置。草高较低、地毯状生长的香雪球安排在花坛前排的边缘处；草高较低、茂密生长的三色堇种植在花坛中央；草高较高的郁金香则安排在花坛的内侧。按照从前到后草高逐渐变高的顺序布置，花坛则会十分美观。

苗的种植

将花苗从育苗盆中取出

将花苗从育苗盆中取出，注意不要使土壤散掉。花苗不易拔出时，可用手轻敲育苗盆周围，从下方的孔中按压花苗的根。

3

舒展苗根

根伸展过度而结块时，将下方的根稍微割开并舒展，种植后会易成活。

4

在花坛中种植

在想要种植的地方挖坑，将花苗的泥球种植进去，使泥球上端与花坛土的高度相同。

球根的种植

5

测量三倍球根高度

测量出三倍的球根高度，在一次性筷子等棒状物上做好记号。

6

挖坑

用做好记号的棒状物一边测量，一边挖出球根高度三倍深的坑。

7

朝上种植

将三个球根放入坑中，轻轻地用土盖住。球根如果上下颠倒了，可能会导致开花时间不一致，因此要注意朝上种植。

制作花坛

从种子开始培育

不错过合适的时期是关键

虽然从苗开始栽培较为轻松，但若从种子开始培育，还可以见证像发芽、本叶的展开等，培育的乐趣也会增加。不妨就先从易栽培的草本花卉开始挑战吧。

若想很好地进行培育，关键在于不要错过合适的播种时期。植物都有适合生长和发芽的温度，一旦错过了这个时期，便可能不发芽或不能健康地生长。因此，要参考种子包装上记载的栽培时间表。

进行适当的施肥和浇水

在生长的时期不能欠缺水和肥料。虽然在种植的时候加入了基肥，但基肥会被慢慢地耗尽，因此有必要施以追肥。

肥料有液体肥料和固体肥料。液体肥料具有速效性，但效果不可持续。固体的缓效性肥料主要为颗粒状，颗粒的大小有许多种。由于它混入土壤中使用，可以慢慢地仔细地将效果扩散开来，因而节省了工夫。

虽然肥料不足会使植物的生长出现障碍，但如果肥料施得过多也可能会造成烧根使植物枯萎，需要特别注意。

植物的生长期容易出现断水现象，因此要十分留意。尤其是花盆和容器等，土壤的分量少所以更容易干枯。花坛则不易干枯，因而可以节省浇水的工夫。

从种子开始培育向日葵

1

挖掘种植坑

向日葵有着粗壮、笔直伸展的根系。由于其不喜移栽，因此应在翻土过的花坛中直接播种。留出适当的间隔，挖掘深为 1 ~ 2cm 的坑。

2

撒入种子

在每个种植坑中放入 2 ~ 3 粒种子。

春季播种

春季播种、初夏开花、冬季枯萎的植物不耐寒，大多不适应低温。播种的合适时期被称为“染井吉野樱花开放之时”。春季播种的植物有矮牵牛、洋凤仙、蝴蝶草、藿香蓟、鼠尾草、牵牛花、长春花、金盏花、向日葵、波斯菊等。

秋季播种

秋季播种、春季开花、夏季枯萎的植物有耐寒性，但大多不抗暑。播种的合适时期是夜间气温达到 20°C 左右的时候。天气真正变冷之前植物如果不生长到一定程度则很难过冬，因此要留意不要播种太晚。秋季播种的植物有三色堇、菊花、雏菊、香雪球、香豌豆、喜林草、勿忘草、龙面花等。

3

盖上土并用手轻轻按压

在种植种子的地方轻轻地用土盖上，从上方用手轻压土壤使土与种子紧密接触。如果有缝隙，种子会不易发芽。

4

轻柔地浇水

用莲蓬头洒水壶浇水，注意不要使土壤被冲开露出种子或使抽出的小芽被压倒。直到发芽都要注意不要让土壤变干。

5

施加追肥

围绕着植物撒些缓效性肥料，轻轻与土壤混合。想要将植物培育得更大，可以进行疏剪，只留下生长茁壮的芽。

6

大量浇水

土壤表面一旦干燥了就进行浇水。夏季由于容易干燥，因此应早晨、傍晚共浇两次水。傍晚浇水时为了使植物表面的温度下降，应在叶子上也浇上水。

7

设立支柱

植物开始长高后，为了防止植株倒伏，应设立支柱以支撑。可以用竹条或较粗的塑料支柱深深地插入地面，用绳子宽松地绑住固定。

8

随着生长改变使用的支柱

植物长得更高或开花后，顶端的重量会增加，因此更容易倒伏。应配合植物的高度改变使用的支柱，结实、稳固地进行支撑。

多种多样的播种方法

为提高发芽率选择适合种子的播种方法

种子的播种场所和播种方法，应该配合种子的大小和特性进行选择。

在花坛等地方直接种植种子的“直接播种”适用于不喜欢移栽的植物，像牵牛花、向日葵等种子粒大的植物也选择这种方法。

先在托盘中撒种，随着生长进行移栽的“育苗移栽”则适用于种子为小粒和中粒的植物。

除此之外，播种方法还有“撒播”“条播”和“点播”等，应选择种子各自适合的方法进行播种。

发芽之前防止干燥十分重要

大部分的芽长出后，应将混乱部分的芽剪掉进行疏苗。如果疏苗不及时，植物则会长乱。较硬的种子可以先让其吸水、刺伤之后再进行播种。

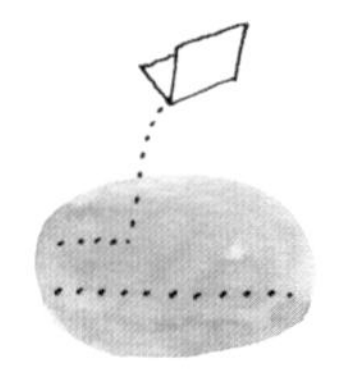

条播

条播是在播种的地方用一次性筷子等印一条浅浅的沟，在沟中撒种的播种方法。适用于小粒和中粒的种子。

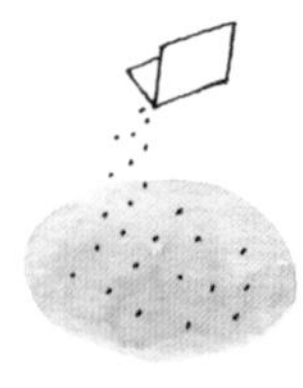

撒播

撒播是在播种的地方全部均匀撒种的播种方法。适用于小粒和细粒的种子。撒种时注意不要让种子重叠。

点播

点播是在播种的地方挖出坑，在每个坑中撒入2～3粒种子的播种方法。主要适用于大粒种子进行直接播种的情况。

细小种子播种方法的窍门

使用厚纸可以帮助均匀地撒种

对于颗粒细小不容易播种的种子，可以将其放在对折后的厚纸上，然后一点一点地轻轻撒种，这样可以将种子不重合地均匀播种。

用底面给水的方式保护种子

细小的种子如果从上方浇水的话，可能会被冲走或打偏，因此在发芽之前可以放入盛水的托盘中，使植物从底面吸取水分。

浇水要轻柔

在芽还小的时候，如果一口气将水倒入，芽可能会被压倒或压折，因此要特别注意。可以使用喷雾器或装有花洒的水壶，一边照料一边轻轻地浇水。

在皮特育苗盘中进行洋凤仙的播种

1

让皮特育苗盘吸水

皮特育苗盘是一种泥炭苔压缩制成的播种专用苗床，吸水后会膨胀变大。种子要播种在充分注水吸收后的皮特育苗盘中。

2

使用厚纸进行撒种

用一次性筷子印一个浅沟，将种子放在对折的厚纸上撒入沟中，注意种子与种子不产生重叠。

3

筛入细土

为了防止种子干燥，应将皮特育苗盘全部用土薄薄地覆盖住。在细孔的筛子上放上土壤，从上方轻轻地边用手按压边筛撒上细土。

4

柔和地浇水

用喷壶等将育苗盆整体柔和而均匀地喷上水。如果用洒水壶洒水的话，细小的种子可能会由于水压较大而被冲走或移动，从而与其他种子重合，因此要特别注意。

厌移栽植物的播种

推荐使用将泥炭苔干燥压缩制成的捷菲育苗块。将育苗块泡在水中使其充分吸水，在中央挖一个坑撒入种子。植物生长到一定程度后，将整个育苗块移栽到土壤中即可。

花坛的打理

一边观察状态一边进行打理

给直接种在土地上的植物浇水，要注意种下后到抽出新芽的这段时间一定不能断水。而扎根后，土地表面干燥了再浇水就可以了。

肥料的施加，最基本的是花期后和生长期。如果施肥过多，可能会造成植物枯萎，因此要记住适量施肥。例如，刚长出花芽的时候如果施含氮较多的肥料则会影响开花。但是，根据植物的不同，合适的施肥时期、肥料的种类和量也会有所不同，请一点一点地积累这方面的知识。

还有一件非常重要的事，那就是“摘除残花”。花朵开完后，为了不使植株消耗多余的体力，应尽早将开过的花摘除。

尽管如此，每年由于降雨量、气温等气候状况的不同，即使是同一种植物也可能会有个体的差别。因此，请日复一日地，一边观察植物的状态，一边寻找最适合你的庭院打理方法吧。

藤蔓伸长后要进行引导

像藤本蔷薇和牵牛花等缠绕性植物，茎伸长后需要支柱来支撑。因此应配合生长状况，对藤蔓加以支撑引导。

对长乱的多年生草本植物进行缩剪

将生长得过长和不需要的枝条修剪短的过程叫做“缩剪”，缩剪不仅能够整理草姿，还起到了促进新芽萌发的作用。

摘除开完的花

残花（开完的花）如果放置不管，不仅不好看，还会使植株变弱。例如，绣球花应当在饱满的芽上进行修剪。

去除受伤的叶子

枯叶和下方由于闷蒸而受损的叶子如果放置不管，可能会导致由霉菌造成的疾病或成为虫害的根源。这样的叶子一旦发现应立刻去除并处理掉，不要留在现场。

肥料应适时适量地施加

种植之前施的肥料叫做“基肥”。随着植物的生长，必要的营养成分会变得不足，因此要追加肥料(追肥)。液体肥料要用水稀释后施加，在花开完后和冬季的时候则应施加固体肥料。

开花树木适时地进行短截

由于开花树木每年会渐渐长大，因此应配合生长状况将枝条进行短截，这便是剪定。大多数开花树木应在花期后立即将长出的枝条剪去 1/3 ~ 1/2。

将杂草连根去除

杂草不仅不美观，还会夺取草本花卉生长所需的养分和日照。杂草一不留意就会疯长，因此一旦发现就应当彻底地除去。

只要一次种下便可以多年欣赏的多年生草本植物是种植在庭院中的必备选择。
每年在一定时期盛开的早春至初夏之花，给春季的庭院增添明亮的色彩。

耐寒的常绿草本花卉

短柄岩白菜

Bergenia stracheyi

虎耳草科：多年生常绿草本植物，高10～20cm

短柄岩白菜的花朵。耐寒性强，从冬季至春季开出美丽的花朵。

短柄岩白菜野生于喜马拉雅山脉周边的高地，是耐寒性强、生命力顽强的多年生草本植物。从延伸在地面上的粗壮根茎上长出大片的常绿叶子，冬季至春季开出粉色或白色的花朵。只要环境适宜，就算不用太管它，短柄岩白菜也可以健康地生长，由于其常绿的特性，也经常作为地被植物使用。短柄岩白菜虽然没有品种之分，但市面上也有它的近亲品种和杂交品种，都以短柄岩白菜的名字流通。

[栽培要点]

短柄岩白菜在向阳处和日阴处均可以生长，但以明亮的日阴处为最佳。它喜爱排水良好的土壤。如果根茎生长得过于凌乱，则可以将根茎切下以芽插的方式重新种植。短柄岩白菜在没有长叶子的部分也会发芽、开花。

鸢尾属的伙伴，美丽的多年生草本植物

蝴蝶花

Iris japonica

鸢尾科：多年生常绿草本植物，高50～60cm

1 开出白色至淡紫色花朵的美丽蝴蝶花。
2 德国鸢尾。

蝴蝶花被认为是很古老的时候从中国传来的归化植物，有的也会野生在人家附近稍微潮湿的地方。其常绿且具有光泽的细长叶子在不开花的时候也十分美丽，虽然蝴蝶花多种植在和风庭院里，它也同样适合西洋风的庭院。花期在4～5月，美丽的淡紫色小花虽然是短命的一日花，但新的花朵会接连不断地开放。其他鸢尾属的同类中，还有日本的鸢尾花和欧洲的德国鸢尾等也适合在庭院中种植。

[栽培要点]

蝴蝶花喜欢明亮的日阴处。像常绿树木的下方或建筑物的北侧这样普通的草本花卉不易生长的地方，蝴蝶花可以相对较好地生长。然而蝴蝶花有些不耐寒冷，在寒冷的地带不适合直接种植在土地上。它的地下茎生长后会扩散开来，因此增加过多的部分要进行疏剪。

由于其美丽的叶子，作为观叶植物也具有人气

惠利氏黄水枝

Tiarella 'Spring Symphony'

虎耳草科：多年生常绿草本植物，高30cm左右
别名：春日交响曲

惠利氏黄水枝的花朵。叶子有着有趣的形状，同样可供欣赏。

惠利氏黄水枝的叶子形状别致颜色美丽，作为观叶植物也十分具有人气。它虽和野生于日本山地的黄水枝（T. polyphylla）为同属，但一般被广泛栽培的则是原产于北美的数个种类衍生而来的园艺品种“春日交响曲”等。这个品种的叶子有着较深的叶片刻痕，在4～5月份开花。

[栽培要点]

惠利氏黄水枝喜爱明亮的日阴处。由于它不耐干燥，因此土地若开始干燥了应给予足量的水。虽然它稍不耐暑，夏季的时候种植在日阴的地方便不会有问题。茎若长出来了可以在植物根部填一些土，或者进行移栽将茎埋起来。移栽的适宜时期为休眠中的2～3月。

健壮易养活的美丽花朵

落新妇

Astilbe hyb.

虎耳草科：宿根草本植物，高30～100cm

落新妇的花朵。有白色、红色、粉色等若干个品种。

落新妇属植物在亚洲和北美洲有25个品种为人所知，日本也有一些野生的品种，有时也作为山野草培育。在市面上广泛流通的是德国培育出的美花落新妇（A.hybrida）系统，以红色、白色、粉色的花朵为主。虽然开花期是春季至夏季，但其纤细的叶子也十分具有魅力，在不开花的时期也可以供人欣赏。

[栽培要点]

落新妇喜爱稍日阴、湿气较大的地方。由于它不喜干燥，应尽量避免放在植株底部会被阳光照射到的地方。由于落新妇是由日本或中国原产的品种培育出来的，因此日本的气候也很适合它。一定要选的话，落新妇属于北方系的植物，冬季不经受一点寒冷的话花芽便无法长出。因此在温暖的地带也有不易开花的情况发生。

可在半阴处培育的多年生草本植物 花期在秋季至冬季的花

从秋季开始，庭院中适合种植有着安稳气息的和风花朵。在冬季开花的植物，也务必在庭院的一角种植一些。

原产于东南亚，健壮耐寒的秋海棠属植物

中华秋海棠

Begonia grandis

秋海棠科：宿根草本植物，高70～100cm

中华秋海棠的花。它有着子房显眼的雌花和无子房的雄花。最先开放的是雄花，雌花则在花茎的顶端开放。

秋海棠属植物在世界上从热带至亚热带有2000以上个品种为人所知，是一个大家族。然而本品种是其中极少的拥有耐寒性的品种，可以在室外过冬，每年开花。中华秋海棠原产于中国南部至马来半岛一带，传说在江户时代传入日本，与和风的庭院十分相称。开花时期为9～10月。

[栽培要点]

适宜在明亮的日阴处栽培。虽然中华秋海棠耐寒，不需要防寒措施，但是在寒冷的地区最好在植株根部覆盖上落叶或稻草进行护根。花开后在叶腋处会长出珠芽，可以用于繁殖。珠芽入手后应立即种植。

秋季盛开，原产于中国的银莲花属植物

秋牡丹

Anemone hupehensis var. *japonica*

毛茛科：宿根草本植物，高50～100cm

别名：贵船菊

1 复瓣品种的秋牡丹。

2 单瓣品种的杂交银莲花（白色花）。

秋牡丹是9～10月开出红色复瓣花朵的银莲花属植物。它原产于中国，传说在室町时代传入日本，也有野生于各地的种类。在日本京都的贵船神社周边经常能看到秋牡丹，它的别名贵船菊便是由此而来。另外，单瓣品种杂交银莲花（A. hybrida，与尼泊尔原产的A.vitifolia的杂交品种）最近也变得常见了。

[栽培要点]

秋牡丹不喜干燥和断水，因此要在明亮的半日阴处栽培。光照过强生长会受影响。夏季若容易干燥，最好在植株根部用腐叶土或稻草进行护根。冬季地上部分如果枯萎了，则将植物从地面处剪除。秋牡丹耐寒，不需要防寒措施。

为秋日庭院添彩的可爱野草

油点草属

Tricyrtis spp.

百合科：宿根草本植物，高10～100cm

茎的顶端分叉开出多个花朵的台湾油点草。

油点草属植物是以东亚为中心，有20个左右的品种为人所知的宿根草本植物，日本也有10个左右的品种，作为“为秋天添彩的野草”而被人熟知。其特征是带有斑点的花瓣，以及大个突出的雌蕊和雄蕊。油点草属植物大多开淡红色的花朵，但也存在黄色花朵的品种。常常被种植在庭院里的是花茎分叉开出多只花朵的台湾油点草（T. formosana 台湾原产）及其杂交种。

[栽培要点]

日本原产种类大多不抗暑，难以培育，而台湾油点草是抗暑且易培育的品种。只要种植在不会被夏季阳光直射的半阴处便可以健康生长。油点草不喜干燥，因此建议夏季傍晚在植株周围洒一些水即可。

变化多样的人气花朵

圣诞玫瑰

Helleborus spp.

毛茛科：多年生常绿草本植物，高20～50cm

1 杂交东方圣诞玫瑰。
2 圣诞玫瑰。

虽然在欧美被叫做“圣诞玫瑰”的是12月末开始开花的Helleborus niger品种，但日本所有铁筷子属的植物都被叫做“圣诞玫瑰”。虽然种类繁多，但经常出现的是东方圣诞玫瑰和它的杂交种“杂交东方圣诞玫瑰”，又被叫做园艺杂交品种等。圣诞玫瑰花色丰富，人们也培育出了野生品种不具备的黄色及重瓣的园艺品种。

[栽培要点]

适合种植的地点应在夏天有明亮的日阴处、冬天的向阳处、落叶树木之下等。就算是小株植物，数年后也会长得很大，因此最好留出足够的间隔（50cm以上）种植。不需要特别地费工夫，每年也可以健康地开出花朵。在10月到次年4月施加富含磷酸和钾的缓效性肥料，花会开得更好。

适合向阳处的多年生草本植物

适合日照良好的地方的草本花卉植物会为我们开出色泽明亮的美丽花朵。
日照不好虽然不会使植物枯萎，但会影响开花。

拥有细长穗的婆婆纳属伙伴

穗花婆婆纳

Veronica spicata

玄参科：多年生常绿草本植物，高20～60cm
别名：琉璃虎尾草、姬虎尾草

穗花婆婆纳有小小的蓝色花朵，成穗状绽开。

在5～7月，穗花婆婆纳长约10cm的花序上开出许多青紫色的小花，带来清凉的感觉。婆婆纳属有许多种类，虽有像石蚕叶婆婆纳（V. chamaedrys）这样小而匍匐型的种类，但一般栽培的种类是原产于欧洲的穗花婆婆纳及其有着淡蓝色、白色、粉色花朵的园艺品种。

[栽培要点]

虽然穗花婆婆纳适合在向阳处培育，但向阳处容易暑气重，因此在通风良好的夏季适合种植在有阴凉的地方。花开过后剪去残花，每三年将植株挖出来一次进行分株，然后重新种植。移栽适合在2～3月进行。

在山野也可以自生的健壮的夏日之花

光千屈菜

Lythrum anceps

千屈菜科：宿根草本植物，高100cm左右
别名：千屈菜、盆花

开出美丽的红色花朵的千屈菜。

光千屈菜是广泛分布于欧洲至亚洲的宿根草本植物，于6～8月开出粉红色的花。在日本也可以看到它野生于潮湿的草原、水田畔、池塘和河流边等湿地或浅水中。光千屈菜喜爱阳光，在不是湿地的地方，只要不是极端干燥，也同样可以生长。光千屈菜对土质不挑剔，近亲的千屈菜也是如此。

[栽培要点]

光千屈菜的地下茎会伸长并旺盛地增加，因此推荐盆植或在隔断中种植，使其地下茎不要过分蔓延。盆植的话，每年需要进行移盆。秋天结出的种子在2～3月份种下后，当年的8月左右便可以开花。

清爽的青紫色圆花魅力十足

硬叶蓝刺头

Echinops ritro

菊科：多年生常绿草本植物，高150cm左右
别名：琉璃玉蓟

硬叶蓝刺头的花。直径4～5cm，也可以做成干花。

硬叶蓝刺头是日本野生品种糙毛蓝刺头（E. setifer）的同类，但一般栽培的是原产于欧洲至西亚的种类，也有一些园艺品种被培育出。它在夏季开出蓝色至深紫色的球形花（花序），造型奇怪的花朵经常被剪下用于插花或制作干花供人欣赏。叶子的形状似蓟，有刺。

[栽培要点]

硬叶蓝刺头喜爱日照和排水性好的地方。无论如何，它不擅长过于湿润的地方，因此培育照料时也要注意通风。它较耐寒因此不需要防寒措施。虽然硬叶蓝刺头是多年生草本植物，但大多会生长数年后枯萎，因此应在春季和秋季播种进行补充以防万一,也可以将根切下来通过根插的方式进行繁殖。

中央的两性花作为插花素材十分流行

松果菊属

Echinacea spp.

菊科：多年生常绿草本植物，高60～100cm

松果菊的花。去掉粉色的舌状花瓣，剩下的部分经常作为插花材料和干花在市面上出现。

松果菊属植物为原产于北美的大型菊科植物,仅有10种左右为人所知，一般栽培的品种是紫松果菊（E. purpurea）。花（花序）直径大约10cm，去掉花瓣一样的舌状花后剩余的部分经常作为插花材料在市面上出现。它在美国自古以来作为药草被人所知，据说有提高免疫力的功效。

[栽培要点]

松果菊喜爱向阳、排水好的地方,若通风好则更佳。它易养活，不特别挑土质。虽然可以通过分株进行繁殖,但用播种种植的方法更快更稳定。由于种植松果菊容易造成肥料过剩，因此注意控制肥料的施加。

可轻松培育的一年生草本植物 花期在春季至夏季的花

一年生草本植物可以轻松地种植在小院子、花盆或容器中。
从种子开始培育虽然也不难，但从市面上购买花苗种植的话则更省工夫。

冬日也持续盛开，朝气蓬勃的花朵

大花三色堇

Viola ×wittrockiana

堇菜科：秋播一年生草本植物，高10～30cm
别名：三色堇

三色堇的花。一般来说，花径5cm以上的种类叫做Pansy，而小于5cm的种类叫做Viola，但两者并没有明确的区别。

三色堇是从冬季到春季具有代表性的草本花卉。其丰富的花色和多样的大小形态适合搭配各种各样的场景。三色堇到了春天会很快地长大，在植株间预留足够的空间十分重要。小朵多花型的三色堇（Viola）过了全盛时期回剪一次后，可以再次开花。

[栽培要点]

只要日照良好，三色堇便可以很好地生长，对土质没有特别的要求。虽然在秋天播种也可以培育，但在秋季至冬季会有许多种花苗在市面上出售，购买花苗则更加简便。将花色、大小、形状统一之后进行种植，比起在多处插缝种植更一致，给人清爽、统一的感觉。

有白色和黄色花朵的菊科伙伴

白晶菊“北极”

Chrysanthemum (Leucanthemum) paludosum

'North Pole'

菊科：秋播一年生草本植物，高10～20cm

1 白色花朵的“北极”（North Pole）。
2 黄色花朵的黄晶菊“月光”（Moonlight）。
3 粉色花朵的摩洛哥雏菊。

虽然“菊花”（Chrysanthemum）曾被用作菊属植物的学名，除了白色花朵的“北极”之外，黄色花朵的黄晶菊（C. multicaule）和粉色花朵的摩洛哥雏菊（Rhodanthemum hosmariense）等也习惯性地被称为菊花。白晶菊“北极”和黄晶菊均是结实易活的品种，从冬季至春季开出许多的花朵。摩洛哥雏菊为小型的木本植物，7～8月开花。

[栽培要点]

白晶菊应在日照与排水性良好的地方培育。它稍有些不耐寒，气温骤冷的日子应做好防霜措施。寒冷的地带可以在春季（3～4月）播种，作为初夏的花朵欣赏。施少量肥料便足够了。

春夏盆植的主角

矮牵牛

Petunia hybrida

茄科：春播一年生草本植物，高10～30cm
别名：撞羽朝颜

花盆中盛开的矮牵牛花。

矮牵牛原产于南美，初夏至夏季时期具有代表性的草本花卉。它开花时期长，从5月至10月持续开放。矮牵牛有不同花色、花形、大小的多个品种，既有小型紧凑生长的种类，也有匍匐型茎长长伸展的种类，因此有多种选择来乐在其中。虽然自古以来有的大花品种就不耐雨水，不适合在露天的地面种植，而最近的品种生命力顽强，也可以在花坛等地方种植欣赏。

[栽培要点]

可以在4～6月播种或购买花苗培育。矮牵牛喜爱日照和排水性良好的肥沃土壤。由于它一边生长一边开花，所以要隔开足够的间隔种植。长得过长的植株可以通过短截至一半的长度来整理形状，使其重新生长。剪下的茎可以以芽插的方式进行种植。

适应日阴处的初夏至夏季之花

洋凤仙

Impatiens walleriana

凤仙花科：春播一年生草本植物（热带植物），高10～30cm
别名：非洲凤仙

洋凤仙的花。它在半日阴处也可以开花，所以推荐种植在日阴花园中。

洋凤仙是给初夏的日阴、半日阴处添彩的清爽的花朵，与野生于日本山地的野凤仙花（I. textorii）和原产于东南亚的凤仙花（I. balsamina）等属于同类。常见的是由原产于热带非洲的种类培育出的园艺品种，花色有白色、粉色、紫红色等，也有重瓣的品种，5～10月陆续开花。新几内亚原产的新几内亚凤仙花（I. hawkeri）是大型且叶色较深的品种。

[栽培要点]

洋凤仙基本上应在向阳处培育，尤其在夏季期间明亮的日阴处能更好地生长。长得不好看了，可以将一半的植株修剪掉重新整理形状。虽可以在4～5月播种繁殖，但购买花苗种植则更加方便。植株由于会蔓延得相当开，应在植株间隔15cm处种植。

可轻松培育的一年生草本植物 花期在夏季至秋季的花

像向日葵、波斯菊这样我们非常熟悉的花，是容易培育、不费工夫的种类，十分适合新手培育。最近出现了新的品种，乐趣也更加丰富了。

夏日不可或缺的大型花卉

向日葵

Helianthus annuus

菊科：春播一年生草本植物，高30～200cm
别名：太阳花

向日葵的花。最近出现了大小、花色等不同的多个园艺品种，可以根据喜好选择适合庭院的品种。

向日葵原产于北美，是十分常见的花。虽然大多数品种可高达1m以上，但并不会横向扩展，所以在小型庭院中种植也不会显得勉强。向日葵也有高30cm左右的矮型种，可以种植在花盆或其他容器中。还有茎会分枝并长许多花朵的喷泉状开花品种、赤茶花品种等。为了利用其种子或作为蜜源，向日葵有时也在田地里被大量栽培。

［栽培要点］

选择日照良好的地方播种。虽然播种的适宜时期为4～7月，如果想培育得较大的话，最好早些播种。由于向日葵是日照变短才能开花的短日植物，因此时期一到无论植株大小均会长出花芽。播种时一处撒下2粒种子，一旦发芽后进行疏苗，只留下一棵植株。植株之间应隔开50cm以上种植。

抗暑性强，从夏季到秋季优雅盛开

百日菊属

Zinnia spp.

菊科：春播一年生草本植物，高20～100cm
别名：百日草

1 多彩的园艺品种——缤纷百日菊。
2 小型而结实的细叶百日菊。
3 黄绿色品种的百日菊。

百日菊属在南北美洲有15个品种左右为人所知，但一般栽培的是百日菊（Z. elegans）和小型的细叶百日菊（Z. linearis = Z. angustifolia），以及二者的杂交品种缤纷百日菊（Z.‘Profusion’）。花期都在7～10月，细叶百日菊的花只有白色、橙色和黄色，而百日菊和缤纷百日菊则色彩丰富，甚至还有绿色的品种。

［栽培要点］

百日菊属都喜欢日照良好的地方。在4～5月播种，也可以直接在花坛中撒种种植。当百日草不开花了，可以回剪至一半，长出腋芽后便可以再次开花。

其他推荐的一年生草本植物

双生金鱼藤、琉璃繁缕、无心菜属、蓝蓟、同瓣草、琉璃草属、金鱼草、荠叶山芫荽、古代稀、大花美人襟、瓜叶菊、绛三叶、蛾蝶花、香雪球、紫罗兰、双距花、异果菊、雏菊、蝴蝶草属、旱金莲、长春花、龙面花、喜林草、报春花、凉菊、艳丽喜光芥、繁星花、三月花葵、荷包蛋花、南非半边莲等。

与夕阳十分相称的秋之花

波斯菊

Cosmos bipinnata

菊科：春播一年生草本植物，高30～150cm
别名：秋英

1 波斯菊
2 硫华菊
3 巧克力秋英

波斯菊原产于墨西哥，曾经的花色只有粉色、红色和白色，但1987年黄色的“黄色花园”（Yellow Garden）被培育出来，新的中间色品种也被培育出来，花色变得越来越丰富。波斯菊既有重瓣的品种，也有筒状花瓣（舌状花）的品种等，花形也变化多端。其近亲的硫华菊（C. sulphureus）和巧克力秋英（C. atrosanguineus）也经常被栽培。

[栽培要点]

波斯菊十分健壮，5～7月在日照良好的地方播种便可以很好地生长、开花。如果施肥过多植株容易疯长，因此要加以控制。由于波斯菊是短日植物，日照不变短无法开花，因此在街灯明亮的地方应该选择开花与昼长无关的“知觉”（Sensation）系品种。

耐暑性强的缤纷花朵

马齿苋

Portulaca oleracea

马齿苋科：春播一年生草本植物（或多年生常绿草本植物），高10～20cm

盛夏时节不负酷暑开花的马齿苋。

马齿苋有多肉质的叶和茎，抗干旱，在夏日的炎热天气下也可以朝气蓬勃地开出红色、黄色、橙色、白色等色彩鲜艳的花朵。它与大花马齿苋（P. grandiflora）是近亲，但是比起大花马齿苋棒状的叶子，该品种的叶子呈扁平状，可以简单地辨别。

[栽培要点]

马齿苋喜爱日照良好的地方。它不怕盛夏的直射阳光，在其他植物无法经受的酷暑和干燥之下也可以健康地成长。播种通常在5～6月，温度不升高无法发芽。马齿苋本来是常绿的多年生草本植物，在温室中可以过冬，但由于它不耐寒，因此在庭院种植时则作为一年生草本植物进行照料。

拥有存在感的一至二年生草本植物

播种后一年之内开花的是一年生草本植物，而播种当年不开花，到第二年植株长大后才开花、开花后便枯萎的草本花卉叫做二年生草本植物。
根据生长环境的不同，有时候也存在花开后植株不枯萎而是继续生长的情况。

蓝色的花朵魅力十足

翠雀属

Delphinium spp.

毛茛科：秋播一年生草本植物，高50～150cm
别名：大花飞燕草

大花重瓣的花朵紧挨在一起的穗花飞燕草"魔术喷泉"。

翠雀有大花(D.grandiflorum)、穗花(D.elatum)、颠茄(D. belladonna)等多个系统的园艺品种被广泛培育。虽然有白色、粉色等花色，但推荐种植的是可以为初夏的庭院添彩的蓝色品种。翠雀原本是多年生草本植物，但个高的大型品种不耐暑的居多，很难度过夏天，因此在寒冷地带以外的地方一般作为秋播一年生草本植物照料。

[栽培要点]

寒冷地区以外秋季播种、初夏开花，一般花开后便会枯萎。由于市面上可以买到花苗，所以只要在春季种植在日照良好、排水良好、腐殖质丰富的地方，初夏便会开花。由于它的植株会长得较高，所以最好用支柱予以支撑。寒冷地区最好在春季(4～5月)播种，第二年开花。花开过后将植株进行回剪，会长出腋芽并第二次开花。

花朵接连不断地开放，花期长的初夏之花

毛地黄

Digitalis purpurea

玄参科：耐寒性二年生草本植物，高60～100cm
别名：狐狸手套

种植在藤本蔷薇栅栏前的毛地黄。可以欣赏多种多样的花色。

毛地黄是原产于欧洲至西亚的植物，喜爱排水性好的地方。虽然其适合种植的地域很广，夏季时若是在炎热的地区，应当避开盛夏阳光直射的地方。虽然可以通过播种种植，但购买花苗种植则更加简便。由于其叶子会在植株根部伸展开来，因此应种植在像花坛的角落或前面等不会被其他植物干扰到的地方。毛地黄全体有剧毒，要注意不可入口。

[栽培要点]

毛地黄是当年播种、植株只生长不开花、第二年长大后开花的二年生草本植物。大多数花开后便会枯萎，如果想让其每年开花的话，播种后应提前准备好后续的花苗。

可爱的吊钟形花朵大量盛开

风铃草

Campanula medium

桔梗科：二年生草本植物，高30～100cm
别名：风铃花

开出像风铃一样的可爱花朵的风铃草。

风铃草是原产于南欧的大型风铃草属植物。它喜爱日照和排水性好的石灰质土壤。其长大到一定程度的植株虽然不经过冬天的寒冷不会开花，并且是次年开花，但最近也出现了可以当作一年生草本植物照料的春播品种。它的茎伸长的过程中容易倒伏，因此要用支柱予以支撑。

[栽培要点]

风铃草春季播种，第二年的春季开花，秋季播种则是第三年的春季开花。其根为直根，不耐移栽，因此在育苗盆中播种的植株应尽早进行定植。在花坛中直接播种也是不错的选择，购买长在育苗盆中的花苗进行栽培也十分简便。风铃草喜爱凉爽的气候，不耐暑，因此夏季应在通风良好的日阴处培育。

大型花朵美丽动人

黑心金光菊

Rudbeckia hirta

菊科：春播一年生草本植物，高30～100cm
别名：黑心菊

开出花径在4～5cm的大型花朵的黑心金光菊。

金光菊属为原产于北美的草本花卉，有一年生草本和宿根型的品种，推荐选择黑心金光菊等一年生草本品种进行栽培。光环雏菊（Gloriosa Daisy）为大型的园艺品种，植株可长至1m，开出许多大型的花朵，非常好看。宿根型的品种繁殖力旺盛，像金光菊（R. laciniata）这样野生于各地的品种经常被作为除草的对象，因此不推荐种植。

[栽培要点]

黑心金光菊应在日照良好至明亮的日阴处栽培。播种时期为3～4月，可以直接播种在庭院或花盆中，也可以在育苗盆中播种，本叶长出5～6枚时便可以进行定植，定植若太晚了则可能影响植株的生长，要特别注意。黑心金光菊基本不需要肥料。植株长大了可以用支柱架起，或者进行回剪使其变短。

不费工夫的美丽球根花卉

球根花卉中，虽然有必须每年挖出进行保管的种类，但也有种植一次后可以放置数年、可以像多年生草本植物一样照料的球根花卉。这样的种类不需要费太大的工夫，因此特别推荐。

华丽的花朵成为美丽庭院的主角

百合（东方杂交种）

Lilium (Oriental Hybid)

百合科：秋植球根花卉，高100～150cm
别名：东方百合

开出花径可达20～30cm的大型花朵的东方百合。花色基本为白色、粉色、红色，也有黄色的品种。

百合有许多个种类，但推荐种植在庭院中的是东方百合的种群。东方百合是从东亚，特别是日本原产的天香百合、美丽百合等品种培育而来的，是有着华丽花朵的园艺品种群。花色有白色、粉色、黄色、红色等，在一根花茎上甚至可以开出20朵大型花朵。

[栽培要点]

在半日阴，特别是地面不会受到阳光直射的地方多耕入些腐叶土，将球根种在深20cm左右的地方。球根之间需要隔出50cm左右的距离。有时候会发生茎由于花朵的重量而折断的情况，因此茎伸长后提前用支柱支撑起来会更加放心。虽然在花期后施以追肥，花便可以每年开放，但由于它很容易染上病毒，所以一旦植物的状况不好了，应当及时挖出并丢弃。

容易培育的秋季球根花卉

石蒜属

Lycoris spp.

石蒜科：夏植球根花卉，高50～70cm

花瓣染有蓝色的美丽花朵——换锦花。

石蒜属是秋季盛开的石蒜科植物，在东亚一带有许多野生品种，最近也有许多华丽的杂交品种在市面上出现。花色有红色、白色、黄色、粉色、橙色、蓝色等，十分丰富，花期为8～10月。一般情况下，开花的时候没有叶子，花期后或第二年的春天叶子才长出来。与石蒜样子十分相似的娜丽花原产于南非，不耐寒，因此晚秋时应挖出在温暖的地方保管。

[栽培要点]

石蒜属植物应种在日照和排水性良好并且稍稍湿润的地方。适合种植的时期为7～8月，在深10cm左右、球根之间隔开20～30cm的地方种植。一次种植之后可以放置数年使其生长。如果球根增加后变得太过杂乱了，则将其挖出重新种植。

冬季至早春盛开的芬芳花朵

水仙属

Narcissus spp.

石蒜科：秋植球根花卉，高10～50cm

早春开花的喇叭水仙品种，清爽的气味也具有人气。

水仙属是在地中海沿岸地区的有30个左右品种为人所知的球根植物，野生于日本千叶、福井等海岸地区，传说是古代时期通过贸易渠道传入日本的品种。虽然水仙属花卉多以喇叭水仙、多花水仙等品种为主流，但像仙客来水仙、布鲁索内水仙、长寿花等种类也同样具有人气。

[栽培要点]

夏季可以在日阴处培育，而秋季至冬季则应在日照充足的地方培育。适合种植的时期为9～10月，一次种植后虽然不需要每年挖出，但像布鲁索内水仙这样不适应过于湿润环境的品种，花期后挖出保管至秋季则更加安心。水仙属耐寒，因此不需要防寒措施，但积雪有可能导致花茎折断，因此要预先做好避雪准备。

一次种植后每年开花的南美原产球根花卉

花韭

Ipheion uniflorum

百合科：秋植球根花卉，高10cm左右

花韭有着淡蓝紫色的美丽花朵，是健壮且繁殖力强的植物。

花韭是原产于阿根廷的小型球根植物，其中像浅蓝色的“浅蓝尖瓣花韭”和深紫蓝色的“蓝色圆瓣花韭”等品种较为普及。花韭在秋季长出叶子，2～5月开花，夏天之前叶子枯萎进入休眠期。蔬菜中的韭菜中有时会将带花苞的花茎作为“花韭菜”出售，本种虽然有着韭菜一般的味道，却是完全不同的植物，并不能食用。

[栽培要点]

花韭应在向阳处培育。适合种植的时期为秋季。由于它十分健壮，因此不需要防寒措施。花韭也不需要将球根挖出，一旦种植后会不断地繁殖，每年开出美丽的花朵。

一年一换的美丽球根花卉

秋植球根植物大多不耐高温潮湿的环境，因此在初夏时挖出保管；而春植球根不耐寒，因此应在秋季挖出保管。比较忙的人每年购买球根种植也是不错的选择。

色彩鲜艳的春之花

郁金香属

Tulipa spp.

百合科：秋植球根花卉，高30～50cm

重瓣的"天使"品种。

郁金香是春天不可或缺的球根花卉，它的花色五彩缤纷，有许多的园艺品种，最近，原始的小型品种也十分具有人气。郁金香的花期为3～5月。虽然郁金香的开花期短，有点遗憾，但相比之下重瓣的品种则有较长的花期可以供人欣赏。根据品种的不同，开花时期也会不同，因此如果能巧妙地组合起来，花则会陆续开放，供人长时间欣赏。选择球根时，要多留意开花时期。

[栽培要点]

9～10月种植球根。因为郁金香不经受寒冷则不会开放，所以让它经历冬季的寒期是十分重要的。如果能很好地栽培，郁金香会长出新的球根使其第二年也开花，但这样不但费工夫，也会占据空间。由此，球根使用后就丢弃的情况更多一些。这种情况下不需要肥料，可以密集地种植使花朵盛放。

华丽的春季球根花卉

银莲花属、花毛茛属

Anemone spp.　*Ranunculus* spp.

毛茛科：秋植球根花卉，高20～30cm

在春日阳光下盛开的银莲花属花卉。由于其从一个球根上接连不断地生出花芽，因此开花期间也不要断了肥料的供给。

两种都是毛茛科的秋植球根花卉。开花期为春季，一般情况下银莲花属为单瓣、花毛茛属为重瓣，均会开出美丽的花朵。由于其小型的特征，除了在庭院中直接种植之外，在盆植花园中种植也是不错的选择。银莲花属和花毛茛属不耐寒，因此在寒冷地带最好在容器中种植，冬季移至室内进行保护。银莲花属的球根为扁平的球形，而花毛茛属的球根则像香蕉一样分开，很容易区别。

[栽培要点]

极端干燥后突然使其吸水的话会容易腐烂，因此慢慢地让球根吸水十分重要。种植前可以在稍稍浸湿的像膨胀蛭石粉的清洁土壤上放上球根，保存在冰箱的蔬菜室等地方，这样让球根吸水10天左右再进行种植。春季直接购买育苗盆培育的花苗进行种植也十分方便。

色彩艳丽豪华的人气花

大丽花属

Dahlia spp.

菊科：春植球根花卉，高20～200cm

大丽花的花朵。从大朵到小朵，大丽花有着各种各样花形的多个品种。

大丽花属是自古以来就被栽培的春植球根花卉，其花色、花形的多样性甚至超过了蔷薇，还有铜叶的品种。虽然大丽花属有草高20cm左右的小型种至高达2m以上的皇帝大丽花，大小多种多样，但最具人气的是草高1m左右、花径可达20～30cm左右的大丽花品种。春季种下初夏开花，如果能很好地照料使其度过夏季，大丽花还可以在秋季第二次开花。

［栽培要点］

大丽花属应在向阳处培育。球根在3～4月种植，发芽后留下长势好的1～2个，其余的从根部削掉。夏季的白天有时会变蔫，但到傍晚时便会恢复原状。茎如果伸展得过长则需要用支柱予以支撑。特别是大花系的品种容易在台风等强风下被吹倒，因此需要用结实的支柱支撑。冬季地上的部分开始枯萎时将球根挖出进行保管。

叶子也很美丽的夏日之花

大花美人蕉

Canna generalis

美人蕉科：春植球根花卉，高40～200cm

黄色的大花美人蕉花朵。花色有红色、粉色、橙色、黄色、白色等，也有铜叶和花纹叶的品种。

大花美人蕉在夏季开出美丽的红色或黄色的花朵，是与姜科近亲的球根植物。虽然自古以来它就被栽培，但最近人气高涨的是有着苗条而美丽草姿的、叶子上带有美丽花纹的以及红叶、铜叶等可以观叶的品种。从种子培育的小型品种可以在盆植花园中使用。

［栽培要点］

春季购买球根，在拌有足量腐叶土、堆肥且日照良好的地方种植。由于大花美人蕉是原产于热带的植物，所以耐暑性强，它在夏季至秋季会接连不断地开花，故需要每月施加2～3次液肥等追肥将其培育大。如果土地是不会结冻的暖地，种下后放置便可以过冬，但一般都会将球根挖出保管至春季。

美丽的彩色观叶植物

**叶子有红色、橙色、黄色等美丽颜色的植物叫做彩色观叶植物。
它们的打理也十分轻松，可以长时间为庭院增添美丽色彩。**

生动的色彩搭配为庭院增添情调

彩叶草

Coleus scutellarioides

唇形科：春播一年生草本植物（宿根草本植物），高20～100cm
别名：锦紫苏

从向阳处到半日阴处，无论在什么地方均可以培育的彩叶草。可以欣赏绿色、红色、黄色等丰富的叶色。

彩叶草是原产于热带亚洲的宿根草本植物，但由于它不耐寒，所以在日本被当做一年生草本植物照料。其种类丰富，叶色、叶形、大小等也变化多端。彩叶草虽然也会开花，但它的叶子在灿烂的阳光下呈现出缤纷的色彩，多被当作彩色观叶植物使用，为花坛或容器增添情调。

[栽培要点]

彩叶草耐暑，可以经受得住强烈的阳光照射，在日阴处反而色泽会变得不佳。黄色的园艺品种在日照较弱时也不会褪色，因此在日阴处种植时推荐选择该品种。彩叶草喜爱肥沃且排水性良好的土壤。如果氮摄入过多会影响色泽，因此要加以控制。在室外种植时到冬天会枯萎，但将其移至室内的话便可以过冬供第二年欣赏。可以通过芽插等方式进行繁殖。

长出红叶的扫帚草

地肤

Bassia scoparia

藜科：春播一年生草本植物，高30～150cm
别名：扫帚苗、扫帚菜

长出美丽红叶的地肤。它可以自然生长成球形。

地肤是原产于欧洲的一年生草本植物，据说自古以来这种植物就被用来制作扫帚。它的茎细细地分枝开来，生长成1m左右高的球形植物。地肤在初夏至夏季时是清爽的绿色，到了秋季便染上红色，无论何时都非常漂亮。夏天开出的花朵小小的不太显眼。花期后结成的果实叫做“地肤子”，可以食用，也被称为“田地的鱼子酱”。

[栽培要点]

春季时在日照良好的地方播种。由于相邻的植株之间如果不隔开足够的距离则无法长成好看的球形，因此发芽后应进行适当的疏芽，使植株间隔开50～100cm左右的距离。地肤容易被风吹倒，因此最好在长大到一定程度后用结实的支柱进行支撑。虽然地肤在冬天会枯萎，但它散落的种子会在第二年再一次发芽长大。

秋天红叶很美的藤本观叶植物

川鄂爬山虎

Parthenocissus henryana

葡萄科：落叶木质藤本植物，长9m左右
别名：葡萄常春藤（Grape Ivy）

川鄂爬山虎是与葡萄同类的藤本植物，可以将其放在悬吊花盆或使其攀缘在栅栏上欣赏。由绿变红的叶色非常美丽。

虽然同为原产于中国的攀缘植物，川鄂爬山虎与五加科的菱叶常春藤（Hedera rhombea）是不同科的完全不一样的植物。从一处长出5片有白色叶脉的叶子（掌状复叶），到了秋季会变成鲜艳的红色，非常美丽。川鄂爬山虎的茎会伸得很长，长着吸盘的气根粘在墙上向上攀缘。它除了可以绕在花格墙上，还适合在悬吊花盆或吊篮中种植。

[栽培要点]

川鄂爬山虎喜爱肥沃的土壤，但稍微有些不耐干燥的倾向。虽然它生性强壮，但稍不耐阳光直射，日照过强叶子有可能会变色。由于川鄂爬山虎长大后便生长迅速，伸展得过长了则需要尽早进行整剪。将其绕在网上的时候需要用绳子固定。

细长的叶子形状美丽

新西兰麻

Phormium spp.

龙舌兰科（天门冬科）：半耐寒性常绿小灌木，高50～300cm

新西兰麻的铜叶品种。高可达1～2m，作为庭院的点缀也很有趣。

新西兰麻是原产于新西兰的常绿小灌木，它细长且苗条的茎从植株根部大量长出。新西兰麻有许多由其原种杂交出的品种，虽然常作为观叶植物在室内欣赏，但其中耐寒性强的品种也被种植在庭院中。新西兰麻还有绿叶带斑纹、铜叶、红叶、紫叶等品种，剪下的叶子也被使用在插花艺术中。

[栽培要点]

新西兰麻虽然喜爱日照良好的地方，但在不会被西边太阳直射的地方培育会更精神地生长。它不喜干燥，盆植时要注意不要断水。虽然根据品种的不同，耐寒性也有所差异，但一般情况下可以经受住的寒冷温度为零下5°C左右，因此在寒冷地带推荐选择盆植，冬季时移至室内。

清爽的绿色观叶植物

植物的绿叶本身也是很美丽的事物。这里将介绍那些叶大美观的叶子散发出银色光泽的被称为“银叶草”的植物。

有特点的大型叶子十分具有魅力

虾膜花

Acanthus mollis

爵床科：多年生常绿草本植物，高150cm左右
别名：毛老鼠筋

叶片大有光泽的虾膜花。

虾膜花是大型的多年生常绿草本植物，夏季时它长长的花茎向上立起，虽然开出的花朵也非常好看，但观赏的主要对象是它大型的叶子。长可达60cm的深绿色叶子有着深深的裂口，呈羽状展开，叶顶有尖，这种壮观的美使其成为花坛的主角。虾膜花被用于古代建筑科林斯柱式的设计上，也是希腊的国花。

[栽培要点]

虾膜花生性顽强，可以经受不充足的光照，只要排水性好，在任何地方培育都没有太大的问题。由于它会长得很大，因此3～5年最好挖出重新种植一次。可以将其铅笔一般粗的根切下，在土壤中通过根插进行繁殖。

可以同时欣赏花和叶的热门宿根草本植物

玉簪属

Hosta spp.

百合科（玉簪科、天门冬科）：宿根草本植物，高15～100cm

健壮且易培育的玉簪属植物。从大型到小型有许多个品种，可以种植在各种地方欣赏。

玉簪属是自古以来就被种植在庭院里的常见观叶植物。在日本有20个左右的野生品种，在此基础上，许多园艺品种也被培育了出来。它适应日本的气候，美丽且容易培育，是观叶植物中王者一般的存在。玉簪属还适合在日阴处培育，近年来作为日阴花园的素材受到了特别的关注。

[栽培要点]

玉簪属喜爱明亮的日阴处和富含腐殖质、排水性良好且适度湿润的肥沃土壤。玉簪属的花的形状都比较相似，玉簪（H. plantaginea）及其杂交种具有香味。虽然有的品种的叶子容易灼伤，会有些麻烦，但如果担心的话，选择好特定的品种便没有问题。

银色柔软的叶子魅力十足

绵毛水苏

Stachys byzantina

唇形科：多年生常绿草本植物，高30～80cm

绵毛水苏的叶子上长着细小浓密的绒毛，十分有人气。由于它的茎横向伸展，因此也作为地被植物使用。

绵毛水苏那像毛绒玩具一样的银色绒毛叶子十分具有魅力。叶子到了冬天也不会枯萎，在地面横向扩展，因此也作为地被植物使用。也可以将叶子剪下，做成花环或手工艺品。在初夏时，花茎向上立起，开出粉色的小花。也可以将花从花茎上剪下，做成干花。

[栽培要点]

绵毛水苏应种植在通风良好、明亮的半日阴处。它虽耐寒性强，却有些不耐暑，因此花开后应将花茎整个剪下以增强通风。切下的花可以作为插花材料或做成干花欣赏。在寒冷的地带，冬季应在植株底部铺满腐叶土等以保护它不被冻结。绵毛水苏被覆盖在雪下也没有关系。

用途广泛的健壮银叶草

朝雾草

Artemisia schmidtianai

菊科：多年生常绿草本植物，高20～30cm

耐寒性强、美丽银叶可供全年欣赏的朝雾草。

朝雾草与野生在日本和东亚山地的艾草是同类（同属），在阳光下闪闪发光的银叶可供全年欣赏。虽然夏季它也会开花，但它的花朵并不是很好看，而且一旦开花叶子便会变脏，因此长出花苞时建议将其摘去。朝雾草在花坛中可以种植在个高的植物下方，也可以在容器中混栽……它可以在各种各样的场景下供人欣赏。

[栽培要点]

朝雾草应在通风良好的地方培育。它喜欢干燥的环境，不耐闷暑，因此增强通风十分重要，特别是在夏季。植株长大后会更易受潮，因此每2～3年应该在2～3月将植株挖出一次进行分株。朝雾草十分耐寒，因此冬季不需要施以保护措施。

铺装地面

用木质栅栏打造柔和的边界

要想使庭院有庭院的样子，地面的铺设是重要的因素之一。地面铺设指的是在地面上铺设草坪或红砖等将土壤掩盖起来的做法。如果植物种植地点之外的地方全都是土地面的话，庭院看上去则不像精心打理过的。

铺设地面除了美观以外也有一定的功能性。例如，可以作为过人的通道、摆设园艺家具的露台，还可以防止杂草的生长。

在铺设地面时，应使用周围常见的素材、在考虑行走的容易性和安全性之上进行施工，使铺好的地面景观与功能性兼备。

通过选择适合的素材使庭院更富个性

庭院的通道、门前过道、小型广场等地的铺装材料是可以影响庭院印象的重要元素，应充分考虑其材质、耐久性、给人什么样的印象之后再进行选择。通道起到了连接院子和建筑物的作用，因此选择可以融入自然的素材和颜色，则可以顺理成章地将风景整合起来。此外，也应当考虑到防滑性和耐久性。

与此同时，如果能享受设计的乐趣及素材本身的美丽那就再好不过了。由于地面的铺设很容易表现庭院的个性，因此要慎重地选择。如果还能顺应院子的面积，使用兼备功能性的镶边材料的话，庭院一定会更加变化多端、乐趣十足。

这是一个使用了三种铺装材料来划分庭院的例子。在铺满木屑的宽敞露台上用红砖制作出一条小路，在靠近建筑物的地方铺设素烧瓷砖打造出缘廊空间。这个庭院将土壤完全覆盖住，使人可以从建筑物到露台的桌子随意移动而不会弄脏鞋底。

建筑物侧面狭窄的通道地面在下雨后总是被打湿，十分难以行走。在种植植物以外的地方覆盖上铺装材料可以使其更容易通行。靠近院子的地方继续铺上红砖，便成了庭院的延长线。

各种各样的铺装材料

红砖

红砖可用于多种几何学上美观的铺设方法，结实且颜色质感丰富多样，可供选择符合自己喜好的种类。除了在灰泥地面上铺设以外，还可以在沙子上使用。

嵌草砖

以混凝土为首，嵌草砖的材质多种多样，形状也有除四方形以外丰富的种类。在间隙处种植草皮或植物，可以防止地面温度上升。

马蹄石

马蹄石有着多种颜色和形状，适用于几何图案和变化丰富的设计。接近草坪的时候，要考虑到修剪的便利性，将铺设草坪的地面垫高后再种植草皮。

木屑

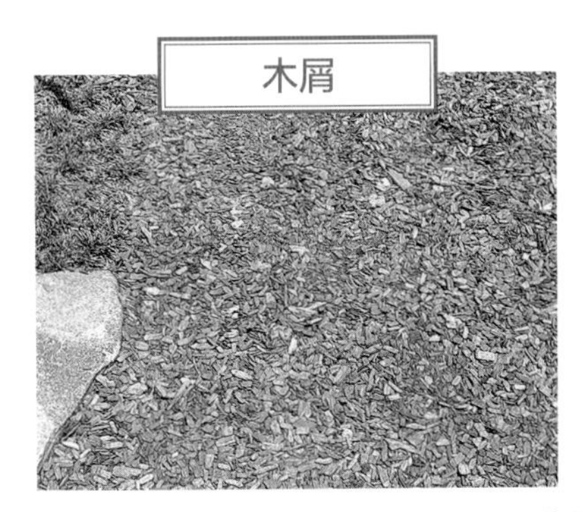

无论是柔软的曲线还是其他形状的空隙，均可以美观地铺上木屑，最适合用于通道或门前过道，打理也不需要费工夫。扎实地打好地基是关键。

天然石

将色调柔和、富有高级感的天然石不规则铺设，适用于玄关前或门前过道的地面等地。天然石易于与建筑物相协调、衬托出植物，给人留下明亮的印象。

枕木、不规则木桩

这是一个将多种素材组合起来的有趣设计。枕木用作分隔，不规则木桩则可以用于打造具有自然感的台阶。

打造红砖露台

玄关旁边露出土地的空间，用红砖完美地变身为一个迷你露台。它不仅很好地衬托出了花坛，还防止杂草丛生，使日常的打理变得轻松。

意外简单的红砖铺设

这里向大家介绍在庭院的死角用切割过的红砖制作小型露台的方法。红砖尺寸确定、处理方便，推荐用于小路或露台的铺装。

一般情况下，虽然先用灰泥等打好地基再铺设红砖的方法较为多用，但对于新手，则推荐用沙子来打地基。这样由于没有将地面固定住，所以一旦失败了或厌倦了当下的设计，还可以马上重新制作。

开始制作之前，先要测量出红砖铺设场所的大小，计算出需要的红砖数量，预先购买好多于需要数量的红砖。红砖由于产品的不同，大小、质感等会有细微的不同，因此一旦不够了可能会难找到同样的产品。

设计的花样有许多种类。虽然最简单的是将红砖平行铺设，但呈圆形排列也是不错的选择。

使红砖接缝均等的窍门

用夹筷子的方法使间隔均等

如果只靠感觉将红砖排列，可能会使形状扭曲，导致红砖数量不足。将一次性筷子加在红砖之间可以完美地使接缝整齐均等。

在接缝处仔细地填入沙子

在每一个接缝中仔细地填满沙子，将接缝塞紧。要注意慢慢操作，使接缝均一整齐。

1

向下挖掘地面

将土地向下挖掘至红砖厚度的 1.5 倍左右深。去除大块的石头和树根等不需要的东西，尽可能地整理平整并捣实。

2

捶打压平

用红砖或木板等确认地面是否平整，再一次敲打砸实。

3

凹陷处用筛子添土

土地夯实后，如果有凹陷的地方，将 1 中挖出的土用筛子填回去。填好后踩实待用。

4

确认高度

同时使用 2 块木板，确认 2 块木板之间的间隔是否每处都与红砖的厚度相同，有凹凸的地方则整理平整。

5

铺上沙子并整平

在全体地基上铺上沙子，厚度与 4 中下方木板的厚度相同，使用碎木板整理平整。这个作业要从一角开始进行，整理好后注意不要踩踏。

6

制作红砖围沿

制作红砖围沿。预先准备好切成 1/2 大小的红砖可以使作业更加轻松地进行，码红砖时注意避免缝隙变得不整齐。

打造红砖露台

7

红砖围沿完成

使用不同大小的红砖，围沿就完成了。曲线的部分可以将切成小块的红砖组合起来，尽可能不留间隔地排列起来。

8

制作圆形的中心

用切好的红砖在空间中央摆一个八角形，周围一边平均地摆上红砖，一边朝着围沿的方向铺设过去。

9

确认是否平整

摆上切成三角形的红砖填住空隙，为了避免凹凸不平，作业中应数次用木板确认红砖铺设得是否平整。

10

将沙子填入缝隙

将红砖全部排列好后，一边注意不要移动红砖，一边将沙子填入缝隙。要点在于要慢慢地、一点一点地填入沙子。

11

用沙子塞满缝隙

如果不把沙子均等地塞入缝隙内部，红砖可能会错位、变得不易行走，因此要用铁棍等将沙子捣实，沉下去的地方再添加一些沙子即可。

12

将沙子均匀地扫入缝隙

在全部接缝处填入沙子后，用扫帚或软刷均匀地将沙子扫入缝隙。最后，慢慢地洒入水，填紧缝隙，沉下去的地方用沙子补上。

打造红砖小径

整理平整使其不易将人绊倒

红砖小径可以很容易地发挥制作者的个性，而自己制作也可以深深地体会到其中的乐趣，请一定要尝试挑战一下。这里为大家介绍在不使用灰泥地基的前提下挖掘加固地面的方法。与露台制作中介绍的方法一样，使用沙子来打地基是一种可以增强稳定性并考虑设计需求的方法。

红砖的切割方法

在切割的位置凿沟

测量需要的红砖尺寸并画线标记，在线上放上凿子，从上方用羊角锤轻轻敲打，在四个面全部凿上沟。

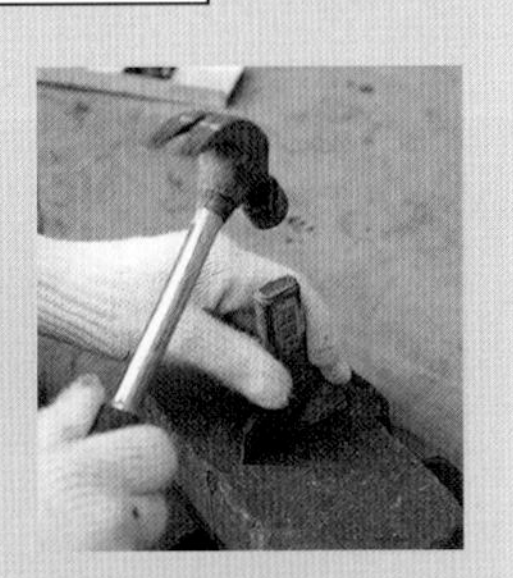

用力敲打切断

在沟处放上凿子，从上方用羊角锤用力敲打切断红砖。窍门在于最开始不要一下子就用力敲打，而是渐渐地增加力量。刚切好的切面上的角会尖锐地凸出来，因此要用羊角锤将角敲掉。

1

做好记号并向下挖土

决定小径的宽度并进行测量，用石灰做记号。将土地向下挖掘至红砖厚度，去掉瓦砾、树根等多余的东西。

2

将地基整理平整

挖好地基后，尽可能地将表面整理平整并踩实。用红砖或木棒等确认表面是否平整。

3

排列红砖

从一端开始按顺序排列红砖，尽可能地不留空隙、将红砖严丝合缝地连接起来。中途应确认摆放得是否平整。

铺装地面

碎石的铺设方法

材料的选择非常重要

庭院通道、门前过道、小型广场等地的铺装材料是可以影响庭院印象的重要元素，应充分考虑其材质、耐久性、给人什么样的印象之后再进行选择。通道起到了连接院子和建筑物的作用，因此选择可以融入自然的素材和颜色是关键。如果还能顺应院子的面积、使用兼备功能性的镶边材料的话，庭院一定会更加变化多端、乐趣十足。

与此同时，还应该考虑材料是否易行走、是否防滑，以及是否具有耐久性。在购买材料时，确认好浸水状态的颜色及防滑程度则可以更加放心。

铺设碎石时应打好地基

铺设碎石时，关键的一点是打好地基。如果想将地面固定起来应使用灰泥，如果之后想要变更则最好使用沙子来打地基。

也不要忘记防杂草措施，仔细地进行作业。将草根等彻底去除后铺设无纺布防根膜，牢牢地防御住杂草的入侵吧。

1

将地基整平铺设防根膜

将地基的表面整理好并踩实，均匀地填入沙子并整平，然后在上方覆盖防根膜。两张以上的防根膜拼接的情况下，边缘重叠 10cm 左右即可。

2

用五金零件固定防根膜

在地基全部铺展防根膜后，在防根膜边缘的部分钉入 U 字形的五金零件（也可以由粗铁丝弯曲制作），将防根膜固定好。

3

铺设碎石

在防根膜上铺设厚度均匀的碎石。带上手套作业会更加容易。随着时间的推移，碎石地容易下沉或偏移，在上面补充上碎石即可。

立水栓的下方铺设着颜色明亮的碎石子，不仅增强了排水性，也起到了冲淡水渍的作用。

COLUMN

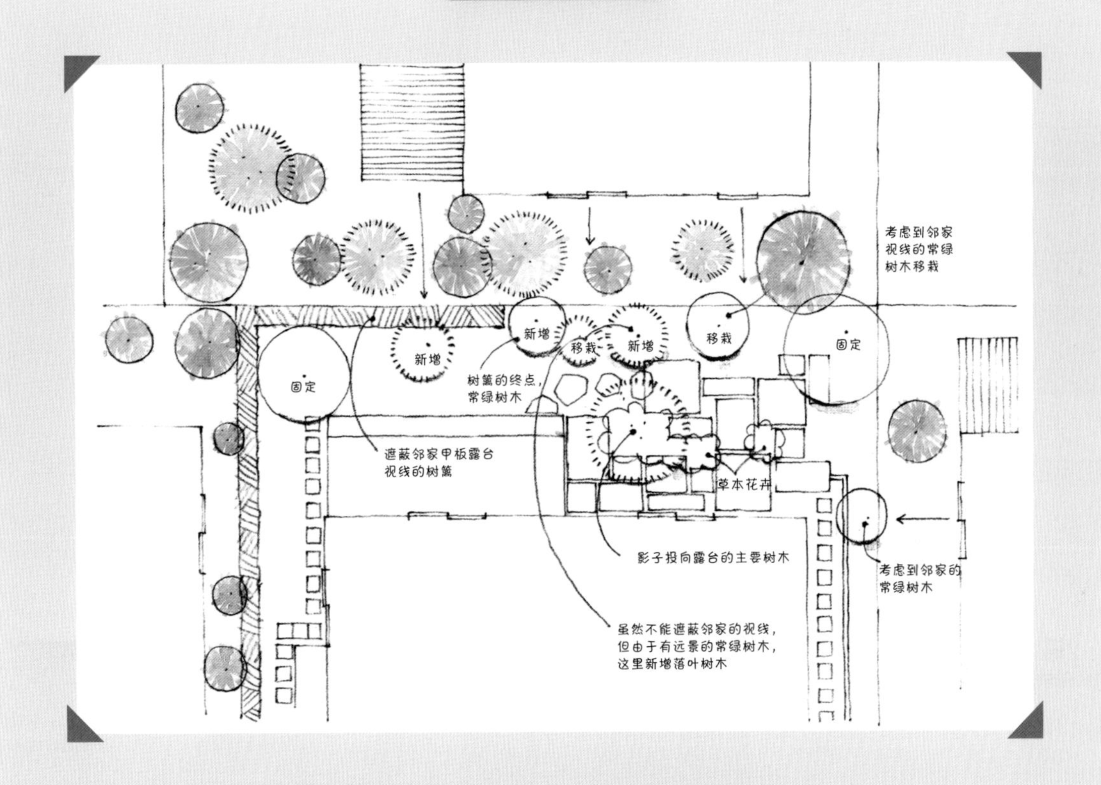

[考虑到邻家的常绿树木]

从自由的想法开始

建设新家的时候，无论是自己设计庭院，还是交给专业的园丁来做，都不得不从一张白纸的状态开始。搬家到二手住宅或直售住宅的情况下，则可能已经有种植好的树木或植物，或者已经有设置好的通道、庭院围栏等。

无论是哪种情况，首先请从试着自己描绘庭院设计图开始。然后实际地测量庭院的尺寸、安排想要种植的植物、试着画一画通道的位置，就会发现它和你站在什么都没有的院子里时想象的庭院预想图有着很大的不同。

特别是当你需要用红砖、瓷砖、天然石等铺设地面，或者是要在庭院的一处种植草坪的时候，要正确地计算出需要买的资材数量，所以设计图的描绘是非常重要的。

没有必要因为“画画不好”等原因而犹豫不决，因为并不需要把你的作品给谁看。请一边参考园艺书籍或杂志上刊登的庭院照片，一边自由地将你的想法描绘出来。这个过程中说不定会有新的发现或萌生从未想过的点子，一定会成为一段有趣的经历。

草坪地面

被草本花卉围绕的开放式庭院。在中央铺设草坪使得周围的花朵和绿色植物显得更加生机勃勃、美丽动人。

了解两种草坪草的特征

草坪草是禾本科多年生草本植物，分为夏季绿色冬季枯萎的“暖季型”和冬季也保持绿色的“冷季型”两种。

暖季型草坪的代表品种有野生于日本的结缕草和沟叶结缕草，被称为“日本草”而为大众所熟悉。这种类型的草坪草经受得住炎热和湿润的环境，耐干燥和病虫害，因此打理起来非常容易，然而，冬季的休眠期时其地上部分会枯萎变成茶色。铺设草皮的适合时期为3~ 4月。

冷季型草坪草又叫做“西洋草”，代表品种有肯塔基蓝草、黑麦草等。这种类型的草坪有冬季也能保持美丽的绿色、可以通过播种轻松培育的优点。冷季型草喜爱寒冷的气候，所以在高温潮湿的夏季生长会停滞，培育上有着夏季易枯萎的难点。播种时期为3~ 4月或9~ 10月上旬。

全年常绿草坪的制作方法

通过“冬季补播”的方法，一年中都可以欣赏绿色的草坪。“冬季补播”利用了西洋草“可以简单地通过种子发芽”“生长点高”等特征。

在铺设好的日本草上，在秋季时将西洋草的种子播下，冬季的时候西洋草则可以保持绿色，夏季来临之前将西洋草进行割剪，替换成日本草。这样做的要点是，割草时要较深地割到地面2cm以下的地方，以及要注意播种的时期不可太晚。

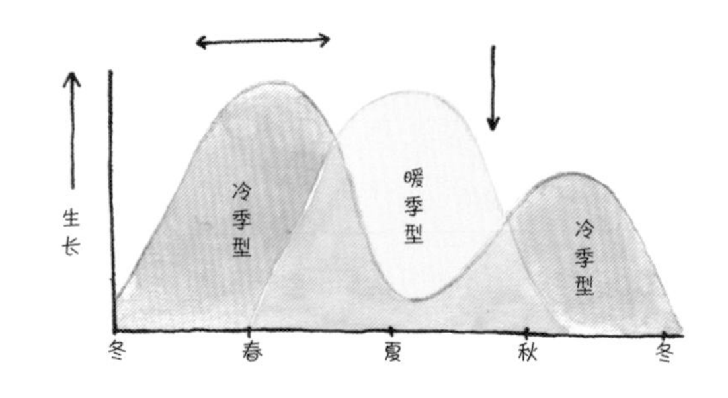

[冷季型草和暖季型草生长的差异]

以日本草为代表的暖季型草，在早春以切成片状的“草皮”成捆在市面上流通。西洋草则主要以种子的形式在市面上流通，数个品种混合在一起，在早春或秋季以罐装或袋装销售。也有专门用于冬季补播的种子在市面上销售。

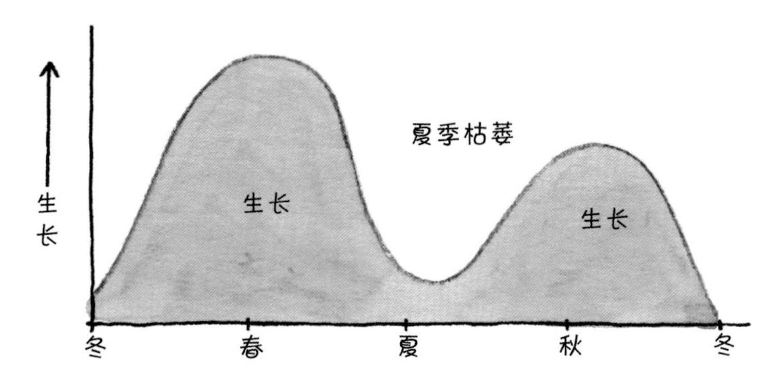

冷季型草

冬季虽保持绿色，但在夏季容易枯萎。它生长旺盛，在生长期时可以达到需要一周修剪一次的程度。

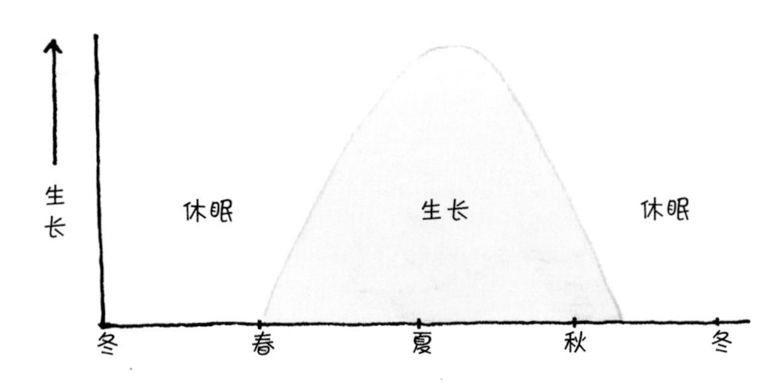

暖季型草

健壮且易打理，虽然春季至秋季能保持漂亮的绿色，但到了冬季进入休眠期，就变成茶色并枯萎。

暖季型草皮的铺设方法

准备材料和工具

草皮购买后，为了防止干燥应预先洒些水并尽快种植。配合所铺设的草坪大小，准备适量的家庭园艺专用土壤改良材料硅酸盐白土和表施细土。所需工具有铲子、木棒、木板、扫帚等。

1

将地面翻松

将地面深挖至20～30cm，除去瓦砾、石子、树木的根等。如果排水性不好，则撒一些山沙，使种植土表面只低于地面草坪的厚度，踩实。

2

整平

用木板等将表面整平。这个时候如果刻意使土面向任意一个方向倾斜，则会变成可使雨水流走不易积水的庭院。重要的是仔细地进行作业。

3

铺撒表施细土

在种植土上面撒上表施细土，用木棒等均匀地整平，也可以用竹扫帚等扫开。一边后退一边进行作业。

4

撒入硅酸盐白土

为了促进草的生根，在种植土上面薄薄地撒上硅酸盐白土。这样做可以促进铺设后草皮的成活。

5

铺放草皮

一片一片地铺放草皮并踩实以防止草皮与土面之间进入空气。留出 3 ~ 4cm 的接缝，第二排铺设时与第一排错开草皮的 1/2，不要使接缝在同一条直线上。

6

在接缝处撒上表施细土

在接缝处撒入表施细土。这时，如果直接踩在草皮上，会使好不容易铺好的草皮错位或受伤，因此应站在木板上进行作业。

7

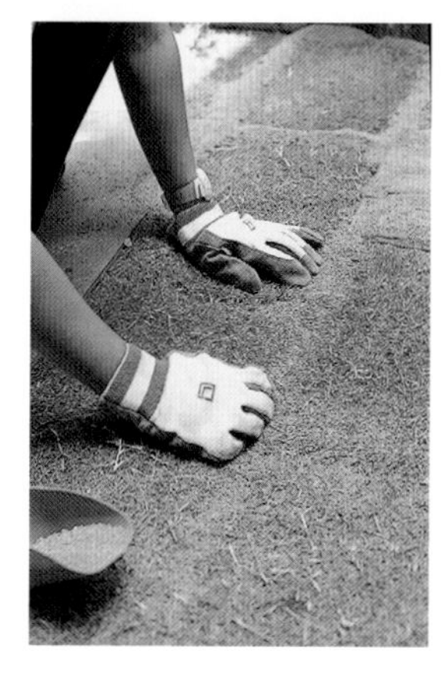

按压表施细土

用指尖将表施细土按压进接缝处。像照片中那样，将手指横向并住，轻轻地左右移动在接缝的上方揉按。

8

从上方扫开细土

表施细土紧实地填入后，用扫帚扫土，使其也扩散到叶子之间。如果草保持浮着的状态则一直不会成活，因此要特别注意。

9

浇灌草坪

给全体草坪洒上水，使其充分浸透。如果水压过强则可能冲走细土，因此最好装上花洒，用较弱的水流仔细地浇灌。

10

完成后的打理

勤快地浇水，注意两周之内不要使草坪变干燥。此外，草成活之前注意不要踏入草坪中。

草坪地面

草坪的打理

小型的电动割草机操作简单，女性也可以轻松使用。割下的草不要放置不管，应收集起来进行处理。

定期修剪草坪

为了欣赏美丽的绿色草坪，日常的打理是不可或缺的。

草坪的打理最重要的是定期地进行修剪。草坪经过修剪后会生长茂密，变得像美丽的地毯一样。市面上流通着手动式、电动式等各种各样的割草机，请配合庭院的大小，选择使用方便的种类。

修剪方法有两种。一种是将草高保持在2~3cm、时常保持美观的方法（高维护）；另一种稍微牺牲美观度但却打理轻松，将草高保持稍高一点的4~5cm左右（低维护）。高维护草坪在夏季需要每月进行3~4次修剪，而低维护草坪只需要每月1~2次修剪就可以了。

填土和打孔

土地如果变硬，草根便会变得难以扩展，从而使草坪出现斑秃。为了防止这样的情况发生，应在早春时撒入表施细土，使根更容易扩展。

此外，草坪铺设三年左右后，土地会不可避免地变硬，所以要用专用的打孔机在草坪上打孔使其修复。

用便利的工具进行日常的打理

电动草坪推子修剪露台与草坪的边界、曲线部分和石头周围等细小的地方非常有用，因此提前入手一台比较方便。

草坪中的杂草如果放置不管会很快长大，长大后再拔掉的话会损伤草坪，因此要趁杂草还小时用镰刀等连根拔除。

生长在草坪里的杂草

在环境良好的地方，各种各样的杂草便会随之出现。杂草的繁殖力强，如果放置不管的话可能会比草地生长得还要旺盛，要尽量在早期将杂草连根拔除。市面上虽然也有除杂草专用的工具，但使用旧的餐具中的叉子便可以简单地将杂草拔掉。

经常生长在草坪中的杂草。从左往右分别是酢浆草、春飞蓬、天胡荽、早熟禾。如果只割去地上部分而留下根的话，杂草还会长出来，因此要连根拔除。

酢浆草分两个种类

酢浆草除了从地下茎上生根以外，还通过向空中扩散种子进行繁殖。相对地，紫酢浆草则是多年生的归化植物，比酢浆草大，通过鳞茎进行繁殖。拔除酢浆草的地下茎时要注意不要使种子扩散，紫酢浆草则将地下的鳞茎去除即可。

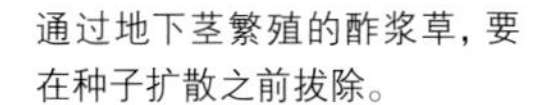

通过地下茎繁殖的酢浆草，要在种子扩散之前拔除。

草坪中出现的蚂蚁窝。这不仅会使地下的土被翻出来，蚂蚁窝有时还会使周边的草由于闷蒸而枯萎，因此应及时将土堆扫走。

注意虫害的大量发生

虫害会使草坪受损，而其中最有代表性的虫子是蚂蚁和夜盗虫。蚂蚁挖土将草皮拱起，有时会使草地枯萎。

而危害最大的是夜盗虫的幼虫。它会直接食取草叶，使草坪出现圆形的枯斑。

草坪本来应成为孩子、宠物等无忧无虑玩耍的地方，所以尽可能地不要施以药品。只要虫害没有大量发生，草坪便不会全部枯萎，因此一旦发现了虫害，最好能立即将其驱除并采取相应的措施。

地被植物

植株较低、茎横向伸展覆盖住地面的植物叫做地被植物。
虽然其中最具代表性的是草坪草，也有许多其他种类的植物被用作于地面的覆盖。

闪着金黄色光泽的新芽

“母脉”平铺圆柏

Juniperus horizontalis 'Mother Lode'

柏科：常绿灌木，高60～100cm

匍匐型的针叶树木经常被用做覆盖地面。“母脉”有着金黄色的美丽叶子。

平铺圆柏是桧柏（Juniperus chinensis）的同类，属于匍匐型针叶树木。从春季到夏季，它的叶子成鲜艳的金黄色，冬季则染上橙色。它是金黄色针叶树木中树高最低的品种，枝条呈放射状伸展，沿着地面的形状匍匐扩展，枝叶密生，像做工精细的地毯一样繁茂。植株的直径可达1～1.5m。

[栽培要点]

平铺圆柏耐暑性与耐寒性强，是可以经受住严寒和风雪的健壮的针叶树，作为覆盖地面的植物是十分合适的选择。如果日照不足，叶子则不会成为鲜艳的金黄色，因此要在日照良好的地方种植。它稍有些不耐闷蒸或高温干燥的环境，夏季的强光和干燥可能会使叶子灼伤，因此要特别注意。平铺圆柏生长缓慢，培育起来不怎么费工夫。

原产于欧洲的优秀地被植物

匍筋骨草

Ajuga reptans

唇形科：多年生常绿草本植物，高10～30cm
别名：西洋金疮小草

有着美丽铜叶的匍筋骨草。还有叶子带斑纹的品种和粉花品种等几个品种在市面上流通。

匍筋骨草原产于欧洲，是野生于日本的紫背金盘（A. nipponensis）和金疮小草（A. decumbens）的伙伴。匍筋骨草是十分优秀的地被植物，它的匍匐茎先伸出，在那上面长出小株，旺盛地向外扩展。它也有铜叶和几种带斑纹的品种。花期为4～5月，20～30cm的花茎立起，开出紫色的花朵,也有白花、粉花的品种。

[栽培要点]

匍筋骨草应在明亮的日阴处培育。在育苗盆中的花苗可以随时进行种植，只要预先加入了基肥则不需要再施以追肥。每三年应在2～3月或9月时将植株挖出一次重新种植。它耐寒性强，没有必要采取防寒措施。

有着美丽银色叶子的踊子草同伴

野芝麻属

Lamium spp.

唇形科：多年生常绿草本植物，高10～40cm

开出黄色花朵的花叶野芝麻（Lamiastrum galeobdolon）。虽与野芝麻是不同属，但一般当作是野芝麻属植物。

野芝麻属是原产于欧洲的匍匐型多年生常绿草本植物，是野生于日本的短柄野芝麻（L. album）和宝盖草（L. amplexicaule）的伙伴。它个头小，茎细，可伸长至1m左右将地面覆盖。除了用作地被植物以外，它还适合在盆植花园和吊篮中培育。它带有银白色或奶油色斑纹的美丽叶子可供全年欣赏，从春季至初夏会开出粉色、黄色、白色的花朵。

[栽培要点]

野芝麻属喜爱明亮且通风良好的半日阴处。它不耐暑，所以应使它在通风好且凉爽的地方度过夏季。野芝麻在日阴处也可以生长，因此也非常适合日阴花园。它耐寒性强，冬季不需要特别的保护措施。

有着清爽香味的药草

铺地百里香

Thymus serpyllum

唇形科：常绿小灌木，高10～15cm
别名：麝香草

铺地百里香的白花品种。虽然茎横向匍匐生长，它的花茎却是直立向上生长的。

虽然匍匐型的百里香都叫做铺地百里香，但常见的是原产于英国的种类，是日本的伊吹麝香草的亚种。它的耐寒性强，也几乎不会遭病虫害，就算是被稍微踩踏了也能经受得住，因此在道路旁边种植，每次靠近就会有芬芳飘来。它是一种香料，也可以作为烹调材料、芳香剂和入浴剂使用。

[栽培要点]

铺地百里香喜爱日照和排水性良好、偏干燥的地方。梅雨时节至夏季如果通风差的话可能会由于闷蒸而枯萎，因此要特别注意。虽然可以直接播种种植，但也可以将枝端剪下5cm左右用芽插的方式繁殖。它耐寒冷，因此不需要施以防寒措施。

从庭院开始的快乐生活

从种植到装饰，为生活添彩的蔷薇

蔬菜、药草、果树：培育可食用的植物

植物目录

- 蔷薇
- 蔬菜
- 药草
- 果树

将庭院的恩赐带入房间里

所谓园艺，并不仅仅局限在庭院里。有的庭院还可以产出为生活增添色彩的各种副产品，其中有代表性的就是蔷薇花园和果蔬花园。

我们不仅可以观赏蔷薇的花朵，还可以将窗子打开，把香气引入房间，或者用花和果实制作芳香剂或玫瑰茶等，同样充满乐趣。

种植蔬菜、药草等可食用植物的果蔬花园的乐趣更加丰富。可以品尝到自家种植的东西，家人也一定会很开心的。

然而，养好蔷薇或蔬菜有其特有的技巧。如果要详细介绍，则可以各出一本书了，因此这里只介绍一些基本的方法。

虽然这么说，种植蔷薇和果蔬绝非易事。只要想象一下花开满园、餐桌丰盛的光景，就一定会突然充满干劲，请一定要尝试着挑战一下。

从种植到装饰，为生活添彩的蔷薇

考虑好花开的位置

如果要在庭院中定植的话，应先想象一下植物长大的样子，选择适合的地点种植。合适的地点应当一天当中有3~ 4小时以上的日照时间并通风良好。

蔷薇属植物有木本型（矮灌木）、藤本型（攀缘）和半藤本型（灌木）三个种类的树形。可以利用这些种类的特性，打造有高低差的立体庭院。也可以使用栅栏、圆柱花架、廊架、拱形花架等资材巧妙地将庭院布置起来。

架起栅栏打造蔷薇屏风，屏风前方设置比蔷薇草高低的草本花卉。花色选择柔和的中间色调，呈现出一幅印象派画作般的风景。草本花卉应选择与蔷薇花期相同的种类，这一点十分重要。

将藤本月季缠绕在圆柱花架上，成为具有一定的高度又紧凑的设计。照片中的是耐病虫害、易养的藤本月季“安吉拉”。

在日照不好的阳台上，将藤本型蔷薇高高地装饰成拱形，或者在花格墙上挂上吊盆，在阳光能够照射到的位置放置蔷薇。开着粉色花朵、枝条茁壮伸展舒畅的品种是“安吉拉”。

容器中的栽培也和想象中一样

蔷薇可以在容器中培育。在玄关、阳台、露台等地，将蔷薇与其他植物在花盆中混栽，便可以欣赏当季特有的搭配。

除此之外，种在容器中方便移动，因此用来点缀庭院也十分好用。

有分量感、可以自由制作造型的藤本蔷薇最适合在有限的空间里盆植。推荐放在玄关前作为迎客蔷薇。

将四季开花的迷你蔷薇和一年生草本花卉混栽，每个季节只将一年生草本花卉进行替换，一盆花便可以欣赏到不同的风景。

将“伊萨佩雷夫人”月季制作成充满自然趣味的插花作品，花姿像在庭院中开放的花朵一般。弯弯的枝条，婀娜的花朵，每一朵都有不同的姿态，这便是庭院蔷薇的魅力所在。

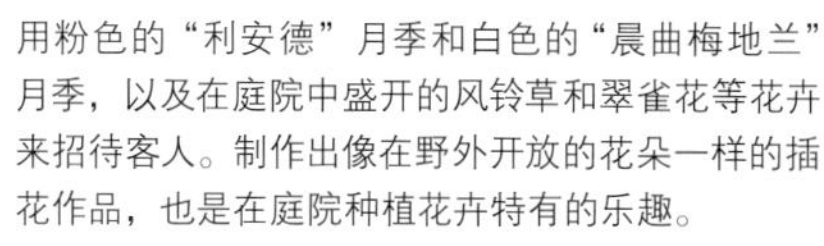

用粉色的“利安德”月季和白色的“晨曲梅地兰”月季，以及在庭院中盛开的风铃草和翠雀花等花卉来招待客人。制作出像在野外开放的花朵一样的插花作品，也是在庭院种植花卉特有的乐趣。

将蔷薇装饰在房间中欣赏

据说，沐浴在朝阳下第一个散发出沁人香味的便是蔷薇花了。将早晨采摘的蔷薇花装饰在房间里，是只有自家培育蔷薇的人才能享受到的奢侈。将花朵进行搭配也是乐趣十足的体验。

适合种在庭院里的蔷薇 古老蔷薇

1867 年以前被栽培的古代蔷薇称为古老蔷薇 (Old Rose)。
古老蔷薇大多有着芬芳的香味，其古典优雅的花形在现代也有着超高人气。

强健而华丽的野生种

玫瑰

Rosa rugosa

木本直立型，高150cm左右
大型莲状花，二季花（春季和秋季开花）

这个品种与盛开在北海道沿岸等地的玫瑰十分相似，是接近原种的蔷薇属植物。花为带紫的深红色，是外层花瓣较大的重瓣花。它有着强烈的芳香。玫瑰虽是非常健壮易培育的植物，但在花坛中种植的话会突然长大，因此要注意种植的地点。

美丽的双色蔷薇

罗莎曼迪

Rosa mundi

木本直立型，高100cm左右
大型复瓣花，一季花
别名：条纹高卢蔷薇（Rosa gallica versicolor）

这个品种的粉色花瓣上带有白色或淡粉色的杂色，十分美丽。花径为8～9cm，虽然是一季花，但它的美丽在于其带有野性味道的强烈香气。据说这个品种自古以来便作为香料使用或药用，是由粉花的重瓣高卢蔷薇（R. gallica officinalis）芽变而来的。

完美的四芯重瓣花

查尔斯磨坊

Rosa 'Charles de Mills'

半藤本型，高150cm左右
中花莲状花，一季花

这个品种有着美丽的深红色花朵，其特征是有着花瓣一致折叠的花形。它有着符合古老蔷薇之名的强烈芳香，周边一片都被甜甜的香气所包围。开始开花时是红色，而随着开花的进行，紫色的色调则逐渐变深。虽然是一季花，但因为开花的样子十分美丽，所以具有很高的人气。

作为香水原料的芳香种

大马士革玫瑰

Rosa damascena

木本直立型，高180cm左右
中型平瓣花，一季花

大马士革玫瑰有着亮粉色的复瓣花，这是典型的古老蔷薇的花形。据说这个品种是原种的法国蔷薇（R. gallica）与腓尼基蔷薇（R. phoenicia）自然杂交而成，人们以这个品种的花为祖先，培育出了许多个园艺品种。它富含香精油成分，有着称为大马士革香味的浓厚芳香，常作为香水的原料被栽培。

广为人爱的纯白古老蔷薇

哈迪夫人

Rosa 'Mme. Hardy'

半藤本型，高1m左右
中型莲状花，一季花

哈迪夫人的粉色花瓣上有着白色或淡粉色的杂色，是十分美丽的蔷薇花。花茎为8～9cm，虽然只一季开花，但其野性味道十足的强烈香气魅力十足。据说这个品种自古以来就被作为香料或药材使用，是由粉花的重瓣高卢蔷薇（R. gallica officinalis）芽变而来的。

接连不断开放的粉色小花

莫玫瑰

Rose de Meaux

木本直立型，高60～100cm
小型莲状花，一季花

这个品种是古老蔷薇中为数不多的花径只有3cm左右的小型花，它的花朵为具有透明感的亮粉色，重瓣开放，有时也被简单地叫做De Meaux。这个品种的植株紧密地聚集，同样适合盆植。它是百叶蔷薇类的古老蔷薇，也有白花的品种。

适合种在庭院里的蔷薇 古董月季

在较近培育出的现代月季中，也有着带有古老蔷薇气息的种类，这个种类叫做古董月季。富有代表性的种类有英国培育出的英国月季等。

花形古典易培育的藤本蔷薇

龙沙宝石

Rosa 'Pierre de Ronsard'

藤本型，高3m左右
大型四芯重瓣花，二季花（春季和秋季开花）

龙沙宝石的花瓣中心是较深的粉色，随着向外扩展颜色渐渐地变浅，它类似于古老蔷薇，有着端正而古典的花形，是十分具有人气的大型藤本蔷薇。它的大型花朵花径可达10～12cm，正适合春天的氛围。这个品种健壮且生长旺盛，十分易于培育，与大型栅栏、花架、拱形花架等也非常相称。

香气沁人的英国月季

权杖之岛

Rosa 'Scepter'd Isle'

木本直立型，高1.5m左右
大型杯状花，二季花（春季和秋季开花）

权杖之岛具有令人陶醉的药香味，是一种十分好闻的月季花，它曾获得Henry Edland最佳香水奖——一个只赠予具有杰出香味的蔷薇的奖项。花朵的中心为柔和的粉色，随着向外扩展颜色变浅，杯状的花朵中可以隐约看见黄色的雄蕊，在春天时会开出数不尽的花朵。这个品种十分健壮且易于培育。

有着鲜艳橙色的英国月季

帕特·奥斯汀

Rosa 'Pat Austin'

半藤本型，高120cm
大型杯状花，四季花

这个品种有着令人眼前一亮的深铜橙色，在英国月季中也是十分引人注目的品种。它四季开花，只要进行适当的修剪，便可以从春季至晚秋的很长一段时间内反复持续地开花。秋季花朵会变成非常深的铜色，非常漂亮。该品种还具有茶香味。

盛开的黄色杯状花朵

格雷厄姆·托马斯

Rosa 'Graham Thomas'

半藤本型，高150cm左右
中型杯状花，二季花（春季和秋季开花）

这个品种有着明亮而澄澈、富有透明感的黄色，是英国月季的代表品种。中型杯状的花朵具有芬芳的香气，并且容易开花，因此被许多人所喜爱。它的枝条生长得很好，作为庭院蔷薇放在小型的拱门、栅栏上也是不错的选择。

复瓣的可爱花朵

桃花玫瑰

Rosa 'Peach Blossom'

半藤本型，高120cm左右
中型杯状花，四季花

这个品种有着易被认成桃花的淡粉色复瓣杯状花朵，缓缓绽开的花瓣间可以看到橙色的雄蕊，十分讨人喜爱。随着开花的进行，花瓣会褪色，最后几乎变成白色，使其在一株上可以看到颜色不同的花朵。这个品种是有着好闻气味的英国月季，易开花，树形稍微横向扩展，容易长成大型的植株。

有着小型杯状花的可爱蔷薇

强盗骑士

Rosa 'Raubritter'

半藤本型，高2m左右
小型杯状花，一季花

这个品种开出深粉色的花径为5cm左右的多个小型花朵，十分可爱。它虽然只开一季，但花朵可以开放很久，供人长时间欣赏。它的枝条柔软，自然地向下、横向扩展，易于引导，因此适合种植在较低的栅栏，也可以做出像覆盖着地面一样的造型，同样也适合盆植。

适合种在庭院里的蔷薇 现代月季

现代月季常作为插花材料。这个种类中有四季开放的大型高芯卷边的杂交茶香月季、四季盛开伞房状花朵的丰花月季等，是易于培育的种群。

适合用于插花的整齐的杂交茶香月季

康拉德·汉高

Rosa 'Konrad Henkel'

木本直立型，高160cm左右
大型高芯卷边花，四季花

康拉德•汉高是德国培育的品种，有着深红色的花朵和杂交茶香月季典型的整齐高芯卷边花朵。美中不足的一点是它的香味较淡。它有着长长的花颈和独特的苗条姿态，因此适合剪下做插花材料。由于它的树形直立，因此在狭窄的地方也适合种植。枝条长势旺，容易长成大型的植株。

柔和的玫瑰粉魅力十足

幸运女神

Rosa 'Lady Luck'

木本直立型，高120cm左右
大型高芯卷边花，四季花

这个品种是花色为柔和粉色的杂交茶香月季，花朵的外侧隐约地带有一丝稍微深一点的粉色，美丽动人，非常具有人气。它有着强烈的芳香，枝条一端只开一朵花。它较易开花，而树的长势则不是非常的旺盛，因此也适合在容器中栽培。这个品种的刺较少，易于处理。

冠以格蕾丝·凯莉之名的月季

摩纳哥公主

Rosa 'Princesse de Monaco'

木本直立型，高120cm左右
大型半高芯卷边花，四季花

这个品种以"献给女演员、摩纳哥公主格蕾丝•凯莉之花"而闻名。奶油色的花瓣上仿佛被刷上了柔美的粉色花边。它不易生病，十分健壮，易于培养，因此新手也可以放心地培育。它是具有好闻香味的杂交茶香月季品种。

不褪色的黄色丰花月季

藤金兔

Rosa 'Gold Bunny'

木本直立型，高100cm左右
大型半高芯卷边花，四季花

藤金兔有着明亮黄色的花朵，是黄色月季的代表品种。花瓣的边缘呈柔和的波浪状。花朵会数朵呈伞房状盛开，有着稍弱的香味。这个品种花开非常持久，随着开花的进行花朵也保持鲜艳不褪色。藤金兔的刺不多易于处理，其深绿色的叶子和花朵十分相衬。株型紧凑,因此也适合在花盆中种植。

细腻的色彩魅力十足

约翰·施特劳斯

Rosa 'Johann Strauss'

木本直立型，高1.5m左右
大型圆瓣平瓣花，四季花
别名：永远的朋友（Forever Friends），甜美的奏鸣曲（Sweet Sonata）

象牙粉的花朵中心被染了一点淡粉色，这个品种是花径为12cm左右大型花朵的丰花月季品种。它是大型花中少见的伞房状，健壮易开花，由于花朵长时间盛开，因此推荐将其剪下进行插花。它不易生病，是强健易培育的品种，名字来源于一位有名的作曲家。

花瓣带波纹的美丽中型月季

玛蒂尔达

Rosa 'Matilda'

木本直立型，高100cm左右
中型圆瓣重瓣花，四季花

这个丰花月季品种开出许多淡粉色、花茎约7cm的中型花朵。在春季的高温期开出的花朵偏白色，而秋季则开出颜色较深的花朵，愈发美丽。树形半横向扩张，也适合盆植。它强健、开花时间长，是推荐种植的品种,但它几乎没有香味，这一点有些遗憾。

在院子里种植

选择大苗种植

散发出芳醇香气的蔷薇是庭院中必种植的花卉之一。蔷薇有许多个品种，因此可以选择你喜爱的品种，尽情欣赏美丽的花朵。

蔷薇的花苗有春季至初夏出售的小育苗盆中种植的嫁接苗（新苗），还有晚秋至早春流通的不带叶子的大苗。

向新手推荐的是在田间培育一年、植株丰满的大苗。种植时期为11月下旬至2月，这个时期根处于休眠状态，因此应将土除去后种植。选择日照和通风良好的地点，藤本型蔷薇可以考虑在栅栏等可以引导的地方进行种植。种植地点应事先进行翻土备用。排水性不好的土壤，可以混入腐叶土或珍珠岩进行改良。基肥要充分地加入，注意不要使基肥与根直接接触。

在院子中种植的大苗在3月下旬开始抽芽，然后便开始迅速生长。新长出的枝条很容易折断，因此应架起支柱固定好。到了5月枝头便会开出美丽的花朵了。

建议可以将花早些剪下用作插花欣赏，这样做不会使植株变得衰弱。将花剪下后，应在植株根部施加一些肥料。

栽培日历

种植				开花						种植	
1	2	3	4	5	6	7	8	9	10	11	12

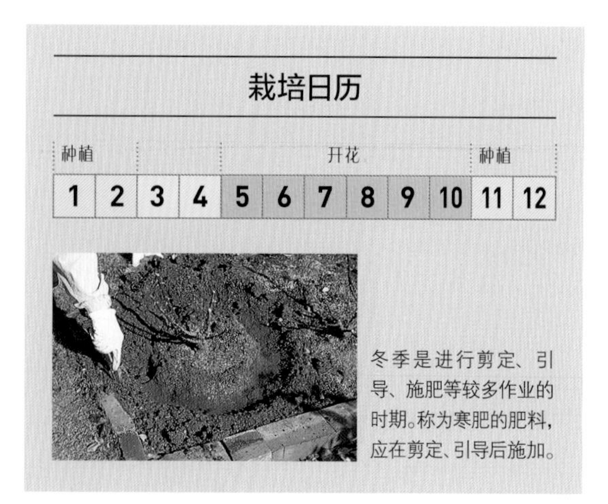

冬季是进行剪定、引导、施肥等较多作业的时期。称为寒肥的肥料，应在剪定、引导后施加。

1

挖掘树坑混入腐叶土

准备好大苗、腐叶土（或泥炭藓）及肥料。挖一个直径和深度均为60cm的树坑，在挖出的土壤中混入15L左右的腐叶土或泥炭藓。

2

将花苗从育苗盆中取出并松根

将混合了腐叶土或泥炭藓的土壤的1/2左右填回坑中，加入肥料充分混合。在那之上，为了不使根与肥料直接接触，稍微填回一些土。将花苗从育苗盆中拔出，轻轻地除掉根上的土进行松根。

3

拿掉嫁接口的胶带

嫁接口的塑料胶带在蔷薇长大、枝干变粗后会勒住并损伤植株，因此应用剪刀或小刀小心地剥掉。

4

将不需要的枝进行整理修剪

将细枝、受伤的枝或没有芽的枝从枝条的根部剪掉。剩下的枝条在芽形饱满、面朝外的芽的上方斜着剪掉。

5

在水桶中浸泡

枝条整理完毕后，在水桶中浸泡使其充分吸水，防止根干燥。

6

将根展开进行种植

在坑中将花苗的根展开进行种植。在种植的地方将苗根展开种下后，在上方盖上剩余的土壤。

7

进行调整使嫁接口露出地面

一边调整土壤高度，使苗的嫁接口露出地面，一边用手按压周围的土使苗稳固。

8

充分浇水

在苗的周围将土堆起做成水盆状，浇入一桶水，水被吸收后再浇入一桶水。土地如果下沉则填些土壤，覆盖腐叶土或泥炭藓等进行防寒护根。

9

架起支柱附上标签

护根措施完成后，将植株立起，将苗固定住使其不会摇晃。最后不要忘了附上标签。

在花盆里种植

种植大苗并使其开花

在阳台、露台等地也可以欣赏蔷薇。虽然可以培育会长得很大的古老蔷薇或藤本蔷薇等，但还没有掌握蔷薇的种植时，更推荐种植枝条紧凑聚拢的现代月季。

第一次从花苗开始培育的话，与在院子中种植一样，推荐的是植株丰满的大苗。准备好10号大小的深花盆，土壤使用市面上出售的蔷薇专用培养土则更加简便。土壤中要预先混合好具有缓效性的基肥。大苗的种植应在根的休眠期，即11月下旬至2月进行。

种植后要注意浇水避免植株变干燥。与在庭院中种植蔷薇一样，3月下旬抽芽，随后开始迅速地生长。除了需要浇水以外，虽然基本的管理与庭植蔷薇没有太大变化，但开花期至梅雨时节以及夏季，要注意放在屋檐下等不会被雨水打到的地方，这样可以控制病虫害的发生。

种植后的施肥方法

3月上旬和4月上旬，在花盆的边缘放上几个固体肥料。

放置固体肥料的同时，以10天1次的频率施加液肥则效果更佳。注意要以正确的比例进行稀释。

1

将花苗进行松根

准备好大苗、10号深花盆、培养土、盆底石、盆底网、缓效性肥料、泥炭藓。首先，将花苗从育苗盆中拔出，一边进行松根一边去除土壤。

2

剪掉不需要的枝条

将细枝、受伤的枝或没有芽的枝从枝条的根部剪掉。剩下的枝条在距枝头3 ~ 5cm处、芽形饱满、面朝外的芽的上方斜着剪掉。

3

在水桶中浸泡

枝条整理完毕后，在水桶中浸泡使其充分吸水，防止根干燥。

4

放入盆底网和盆底石

在花盆中铺入盆底网，为增强排水性，在盆底放入3cm左右的盆底石。

5

将根展开进行种植

将混有大约一把缓效性肥料的培养土放入花盆高度1/3的量。将浸过水的苗根展开放到花盆中央，上方填入培养土进行种植。

6

检查嫁接口

为了留出浇水空间，土壤的高度应在花盆边缘1.5～2cm以下的位置。调整苗和土壤的高度，使苗的嫁接口露出地面。

7

用泥炭藓进行护根

为了保护苗不受冬天的寒冷或干燥影响，在培养土的表面铺一层约2cm厚的泥炭藓。泥炭藓应事先用水打湿备用。

8

从底面吸水

在比花盆大一圈的水桶中放入水，使盆植从花盆底部充分吸水。也可以用洒水壶分几次浇水，直至水从花盆底部溢出。最后附上标签。

9

不要忘记浇水

种植后要注意不要使花盆土干燥，土壤表面干燥了应浇透水直至水从花盆底部流出。抽芽前的3月上旬至4月下旬期间，应以10天1次的频率施加液肥。

蔬菜、药草、果树：培育可食用的植物

新鲜采摘的蔬菜，无论味道还是口感都别具一格。趁新鲜食用还营养丰富。

种植了柠檬香蜂草、琉璃苣、洋甘菊等药草类植物的花境，散发出令人舒适的气味。

在狭小的空间或容器中也可以种植

只要有一米见方的空间，便可以进行像番茄、茄子、青椒等大多数蔬菜的栽培。叶菜、圣女果、小青辣椒、黄瓜、无藤菜豆、小萝卜等还可以在容器中栽培。只要是日照和通风良好的地方，无论是阳台还是露台，都可以打造出一个果蔬花园。

在露台前打造的菜园一角。不但便于发现病虫害，还可以观赏蔬菜的花朵。可以随时采摘熟透的蔬菜也是它的魅力所在。

在日照良好的玄关前种植的沙拉蔬菜。在大小易于搬运的花盆中种植的话，可以随着日照的变化进行移动，十分便利。

最初从沙拉蔬菜开始

自家种植的新鲜采摘蔬菜的味道别具一格。最开始不要急于求成，从叶菜、小萝卜等收获期间短、便于培育的种类中进行选择。也推荐选择像芹菜、紫苏等可以少取一些作为佐料的蔬菜，种植在院子中会十分便利。

设置在阳台一角的容器菜园。蔬菜的绿色让人在视觉上也感到新鲜。

收获的蓝莓。果实的内部也变黑熟透，正是食用之时。一次收获的量即使不多，也可以保存在冰箱里，用来制作果酱或派。

成熟后从红色变成紫红色的唐棣（上）和被称为醋栗的鹅莓（下）。无论是生吃还是做成果酱都非常美味。

栽培果树品尝果实

新绿、开花、结果、红叶……种植果树的乐趣丰富多彩。在狭小的空间或容器中可以栽培的品种也有许多。对于新手来说，推荐的是强健而易栽培的莓子类果树。单独一种果树不易结果，最好种植两个种类以上。

美观又美味的蔬菜

在庭院中种植的蔬菜也应当注重美观性。
选择颜色美丽或开出漂亮花朵的种类，种植蔬菜则变得更加有趣。

家庭菜园人气 No.1

番茄

Solanum lycopersicum

茄科：春植蔬菜，高50～200cm

果实为心形的可爱圣女果“番茄”。

番茄富含维生素和矿物质，可以恢复疲劳，是常见的夏季蔬菜。在4～5月种下，6～9月前便可以享受收获的乐趣了。番茄有许多个品种，家庭种植则推荐果实小、易于培育的圣女果。最近富有人气的水果番茄，在培育中极端地限制了水分使糖度得到了提高。

[栽培要点]

番茄应在日照良好的地方培育。由于它不喜连作，因此要注意种植的场所。种植时应选择2～3年内未种植过茄科植物的地方。5月长出6～7片本叶的苗，将其种在日照良好的地方并架起支柱支撑固定。关键的一点是要将腋芽摘去，限制果实的数量。进入梅雨时节之前，应铺设稻草进行护根，追肥应以每月1～2次的频率施加。

可以长时间收获的易培育蔬菜

甜椒、辣椒

Capsicum annuum

茄科：春植蔬菜，高1～2m

长10～15cm，有着香蕉形状、多彩果实的“香蕉甜椒”。

甜椒是和青椒、辣椒为近亲的蔬菜，没有特别严格的区分方法，一般来说味道辣的叫做辣椒，不辣的叫做青椒。有着红色、黄色等颜色的大型彩椒与黄色香蕉甜椒都是同样的种类。最近有许多多彩的品种在市面上流通，在庭院中种植则可以选择这些品种。

[栽培要点]

虽然甜椒可以从种子开始培育，但购买苗种植则更简便，4～5月将苗种下，6～9月前便可以享受收获的乐趣了。应在日照良好的地方放入充足的基肥进行种植，之后也不要切断肥料供应。甜椒也推荐在花盆中种植，种在直径30cm左右的花盆中便可以大量收获果实。

花朵也美丽的营养蔬菜

秋葵

Abelmoschus esculentus

锦葵科：春播蔬菜，高100～150cm

秋葵美丽的黄色花朵。虽然只一日开放，但花朵会接连不断地盛开然后结出果实。

秋葵是与木槿近缘、有着美丽花朵的营养蔬菜，在庭院中培育再适合不过了。由于它的植株不会横向扩展，因此在狭窄的庭院也可以种植。5月将苗种下，直到晚秋都会不断地开花结果。秋葵的横切面为五角星形，有着独特的黏液，有果实为红色的品种，也有花朵可以食用的黄蜀葵品种。

[栽培要点]

秋葵应在日照良好的地方种植，种植前应在土壤中加入苦土石灰并充分翻松。由于秋葵是热带蔬菜，用塑料薄膜进行护根会使它更好地生长。风较强的地方应架起支柱支撑。如果收获不及时果实会变硬，因此最好尽早收获食用。

为菜园增添鲜艳色彩

瑞士甜菜

Beta vulgaris var. *cicla*

藜科：春播、秋播蔬菜，高30～50cm

瑞士甜菜有红色、黄色、橙色等颜色的叶轴。在沙拉中使用，显得五彩缤纷。

瑞士甜菜是甜菜中叶轴变为红色、黄色、白色、粉色、橙色等颜色的品种。多彩的叶子在花坛或容器中混植也非常漂亮。播种后2～3个月便可以收获，在其他叶菜较少的夏季也可以收获，非常珍贵。其叶子除了可以作为沙拉生食以外，也可以用开水焯一下去生后做成其他料理。

[栽培要点]

除了寒冬与盛夏，瑞士甜菜在其他时期随时都可以种植。将种子播入富含苦土石灰和基肥的土壤，一边培育一边注意进行疏剪。种子应在水中浸泡一晚后再进行播种。疏剪后施加追肥并轻轻翻松周围的土壤，使土壤聚集在植株中央。夏季为防止干燥，最好在植株根部施加堆肥或铺上泥炭藓等。

带来丰收乐趣的蔬果

种植缠绕性蔬果让它们爬上栅栏等地，可以不占用太多空间而享受到收获蔬果的乐趣。推荐种植的是花朵和果实都美丽的种类，请开心地尝试蔬果种植吧！

易培育的冲绳蔬菜

苦瓜

Momordica charantia var. *pavel*

葫芦科：春播、春植蔬菜，高2～5m
别名：凉瓜

具有独特苦味并颇有人气的苦瓜。果实成熟后变黄、变软，因此要在那之前收获。

苦瓜是冲绳蔬菜的代表，作为“苦瓜豆腐”的主要烹饪材料而被熟知。近年来作为“绿色窗帘”的材料也引起了人们的注意。在4月份种植菜苗较为简便，可以将其缠绕在栅栏、网格、廊架上。苦瓜耐暑、耐干燥，也不易得病，是易于培育的蔬菜，然而它并不适合在寒冷地区种植。

[栽培要点]

栽培用土中应充分加入基肥。将藤蔓缠绕在栅栏等上面，对主蔓要尽快进行摘芯，使其长出更多的枝条。花开、结果和开始收获时应施加追肥。

酸酸甜甜十分可口

草莓

Fragaria ×ananassa

蔷薇科：秋植水果，高20～30cm

1 适合盆植的小型野草莓。
2 草莓可爱的花朵。虽然一般为白色，但也有花为粉色的品种。

草莓富含维生素C和维生素E，除了生吃以外还可以做成美味的果酱，在家庭菜园中十分具有人气。10月份购买苗进行种植，栽培几年后便可以收获了。草莓有多个品种，在庭院中种植的话，小型而接近野生种的野草莓十分容易培育，因此推荐种植。全年接连不断开花结果的四季草莓也很有人气。

[栽培要点]

草莓应在充分施加了苦土石灰的培养用土中种植，种植时应注意使根部与土表处在同一高度。芽的中心沾上土会腐烂，因此注意不要种得太深或太浅。冬季期间施加液肥，春季开始开花后将植株的根部全体覆盖上稻草，使泥土不会乱溅。收获结束后会长出子株，将其切下可作为下一年的苗使用。

花叶均可用于观赏

洋蓟

Cynara scolymus

菊科：春播、秋植蔬菜，高2m左右
别名：朝鲜蓟

1 刺苞菜蓟的花和花蕾，感觉上比洋蓟更尖锐。
2 洋蓟的花蕾。在开花之前进行收获。

洋蓟原产于地中海沿岸地区，是大型的菜蓟属植物。虽然开花前的嫩花蕾可以食用，但也可以使其开花进行观赏。它的叶子是美丽的银叶，推荐用于点缀庭院。一次种下后可以收获4～5年。与它很相似的刺苞菜蓟（C. cardunculus）可食用的部分不是花蕾而是茎。

［栽培要点］

苗入手后应在秋季种植于日照、排水、通风均良好的地方。种植的场所应充分施加富含有机质的基肥。由于洋蓟会长得很大，植株之间应隔开充分的距离。播种种植的情况下，收获则从次年开始。

作为沙拉、酱菜十分美味的夏季蔬菜

黄瓜

Cucumis sativus

葫芦科：春播、春植蔬菜

1 黄瓜的果实。应趁还没有长得太大赶紧收获。
2 黄瓜的雌花。特征是果实在花的下方长大。

黄瓜可以用于生吃或做酱菜，是夏季常见的美味蔬菜。它是缠绕性植物，使其攀缘上栅栏或墙面等则不会占地方，也推荐种植在庭院里。黄瓜是自古以来就被培育的蔬菜，在各地有许多特有的品种，因此也推荐从各地找来种子，试着培育不同的品种。黄瓜富含钾，对盐分的排出很有效。

［栽培要点］

夏季时果实会迅速生长，但如果长得太大会给植株造成负担，使草势变弱，因此要尽快收获食用。虽然一般在5月将苗种下进行培育，但也可以在6月播种进行夏播栽培，也可以在8月播种进行秋播栽培。

可用作调料的药草

药草有许多用途，如可以像蔬菜一样食用、作为料理的调料使用等。在庭院中种植，需要的时候马上就可以使用，非常便利。

作为肉料理、炖菜料理的调料使用

迷迭香

Rosmarinus officinalis

唇形科：常绿小灌木，高50～200cm

作为地被植物使用的匍匐型迷迭香。虽然花也十分美丽，但作为药草使用的主要是叶子。

迷迭香有茎为直立型和茎为匍匐型的种类，前者可以作为树篱使用，而后者可以用于覆盖地面。两种都有浓密的深绿色叶子，在冬季至春季开出浅蓝紫色的花朵。迷迭香的叶子有杀菌、抗氧化、促进脂肪分解的作用，可以用于烹饪鱼类和肉菜的调料以及精油、西洋醋、利口酒、入浴剂、香味剂、手工艺品的制作等。

［栽培要点］

迷迭香经受得住夏季的炎热和干燥，只要是日照和排水性良好的地方便可以健康生长。如果枝条混乱，下方的叶子则容易枯萎，因此一年最好进行一次剪定。剪定的时期可以在春季或秋季，将混乱的枝条一边收获一边剪下。剪下的枝条应在通风良好的日阴处挂起来进行干燥。

在通心粉等意大利料理中不可或缺

罗勒

Ocimum basilicum

唇形科：春播一年生草本植物（多年生草本植物），高50～60cm
别名：九层塔

意大利料理中不可或缺的罗勒。将枝头切下使用，腋芽便会长出。

罗勒属虽有许多个种类，但使用最多的则是罗勒。它与番茄、大蒜等十分相配，是意大利料理中不可缺少的药草。罗勒与大蒜、松仁、橄榄油等混合制成的罗勒蒜香酱在通心粉、肉料理中被广泛使用。种植上几株，在需要的时候可以随时采摘，十分方便。

［栽培要点］

罗勒喜爱日照和通风良好的地方。它虽是多年生草本植物，但由于没有耐寒性，因此作为一年生草本照料。可以每年春季播种或购买苗进行种植，种子应在进入5月后开始播种。将芯摘去使腋芽增加，这样它便会长出茂密的分枝。开花后便不会长出新叶了，因此要尽早将花蕾摘下来。

独特的香味一旦爱上便会入迷

胡荽

Coriandrum sativum

伞形科：春播、秋播一年生草本植物，高30～50cm
别名：香菜

胡荽独特的香味非常具有人气。叶子应在开花前收获，花开后得到的种子也可以作为香料使用。

胡荽草身整体带有强烈的香味，在中国料理、东南亚的民族料理中不可缺少。也有人不喜欢它独特的香味，但一旦习惯便会迷上这种味道。虽然在超市中也有出售，但建议自己种植。花开后得到的种子——香菜籽也可以作为香料使用。

[栽培要点]

胡荽可以在春季或秋季播种种植。圆形的果实中含有两粒种子，种子应浸泡一晚后再进行种植。胡荽是小型的药草，因此也推荐在花盆中种植。在日照良好的地方培育，混乱的部分应进行疏剪。果实开始变成黄褐色时就可以切下，在日阴处干燥后放入纸袋中保存。

炖肉料理中不可缺少的药草

月桂

Laurus nobilis

樟科：常绿乔木，高10～12m
别名：月桂树、甜月桂

春季开放的月桂花。月桂是雌雄异株植物，图中为黄色雄蕊明显的雄花，雌花为白色。

月桂深绿色的叶子可用于制作料理、利口酒、精油、西洋醋、入浴剂等，在牛肉炖菜和西式泡菜中也是不可缺少的佐料。虽然鲜叶可以直接使用，但干燥后的叶子香味更强。嫩枝条也可以用来制作花环，编成的圆形花冠叫做“月桂冠”，据说在古希腊是献给竞技胜者的物品。

[栽培要点]

月桂应在日照良好的地方培育。由于它是会长成大树的乔木，因此在较小的庭院中种植时注意不要让它长得过大。将枝条剪去或回缩，在增强通风和日照的同时，注意抑制树木往高生长。盆植也可以将其修剪成较小的造型。春季时在叶腋处会开出浅黄色的花。

气味芬芳的人气药草

这里介绍的是气味清爽的人气药草，将它们种植在庭院中享受美好的香气吧。
也可以奢侈地将它们做成花草茶或香味剂使用。

气味清凉提神

薄荷属

Mentha spp.

唇形科：多年生草本植物，高60～90cm

种类众多的薄荷属代表之一——荷兰薄荷。

薄荷属是有着清爽气味的药草。虽然薄荷属种类丰富，但其中最有代表性的种类是薄荷和荷兰薄荷。薄荷经常作为花草茶或在甜点中使用，荷兰薄荷则主要在肉类料理中使用。薄荷气味的成分有镇静、防腐等效果。薄荷属有直立型和匍匐型的品种，匍匐型的品种可以用来覆盖地面。

[栽培要点]

薄荷属的植物不论哪个品种都非常健壮。它的地下茎生长旺盛并向周围扩展，有时候生长得过旺会带来困扰，因此推荐在花盆或容器中种植。零散的种子易发芽，而多个种类近距离种植则容易杂交，杂交种的香味大多变淡，因此要将植株分开进行繁殖。

令人放松的香气

薰衣草属

Lavandula spp.

唇形科：多年生草本植物，高60～100cm

气味好闻的英国薰衣草。它不耐高温和闷蒸，因此适合在寒冷的地方培育。

薰衣草整体特别是花含有强烈香味的成分，是制作香料、芳香剂、手工艺品和入浴剂等不可缺少的材料。薰衣草清爽的气味有令人放松的效果，也可以用于芳香疗法中。薰衣草有许多个品种，开出大株深紫色花的英国薰衣草不耐炎热和闷蒸，因此适合在寒冷的地方培育，而关东以西的地区则推荐种植更易培育的法国薰衣草。

[栽培要点]

薰衣草应在日照良好、稍稍干燥的地方培育，喜爱碱性土壤。薰衣草不耐暑，不喜爱由炎热引起的闷蒸，因此在夏季之前应进行修剪增强通风。梅雨时节至夏季做好避雨措施则更佳。薰衣草生长稳定，在草高生长到20cm之前应避免移栽。

香味像青苹果一样

德国洋甘菊

Matricaria recutita

菊科：多年生草本植物，高30～60cm

开出漂亮白花的德国洋甘菊。将4～5朵鲜花放入杯中注入热水，便成为一杯芬芳四溢的花草茶。

德国洋甘菊的花朵有着清爽的香气，是作为花草茶材料的常见药草，也用于入浴剂、芳香剂、手工艺品的制作中。初夏时它会开出一片散发着香甜气味的白色小花，也可以用于覆盖地面。与它十分相似的罗马洋甘菊全草都有香味。开出黄色花朵的春黄菊则香味较小,常用于制作染料。

[栽培要点]

德国洋甘菊应在日照良好的地方培育，将土地轻轻翻耕后种植苗。直接播种种植它也可以很好地生长，几乎不需要肥料。德国洋甘菊虽然非常健壮，但如果人的干预过多反而会变得脆弱。

香甜美丽的花朵魅力十足

芳香天竺葵

Pelargonium graveolens

牻牛儿苗科：多年生草本植物，高60～90cm
别名：香叶天竺葵

盆植的香叶天竺葵。天竺葵属有许多种类，试着将它们收集起来也很有趣。

天竺葵属有许多个品种，有着芬芳香味的品种统称为芳香天竺葵，如玫瑰天竺葵、苹果天竺葵、薄荷天竺葵等，它们常常以其香味命名。而以驱蚊效果成为话题的驱蚊草也是芳香天竺葵的伙伴。无论哪种都会在春季至夏季开出5～10朵白色或粉色的小花。

[栽培要点]

芳香天竺葵喜爱日照充足的地方。它不耐霜冻，气温达到0°C以下则很难在室外过冬，因此在寒冷地区应在花盆中种植，冬季置于南向的屋檐下或没有加温措施的室内进行保护。由于它也不喜高温多湿的环境，梅雨时节至夏季应注意避雨，在容器中种植并移至屋檐下等稍干燥的环境中进行管理，也要注意不要浇水过多。应进行摘芯使其长出更多的枝条。

适合种在庭院里的果树

如果能在庭院中种植上健壮的果树，那么它们每年都会为我们结出果实。如果不进行一些照料也许很难收获好吃的果实，但仅用作观赏也是不错的选择。

推荐给寒冷地区的果树

芭蕾苹果

Malus pumila var. *domestica*

蔷薇科：落叶小乔木，高3m左右

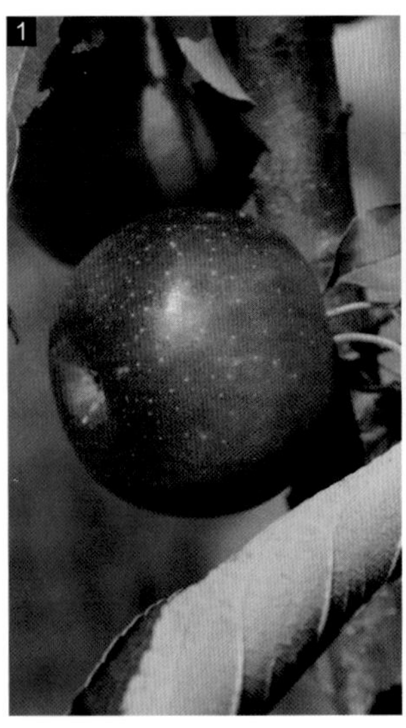

1 芭蕾苹果的果实。虽然小小的有点酸，但也可以食用。
2 芭蕾苹果的花。

芭蕾苹果不会长出腋枝，因此在狭小的地方也可以栽培。市面上出售的种类有“舞美”（红色花，红果）、“舞姿”（粉红色花，红果）、“舞乐”（白色花，青果）和“舞佳”（浅粉色花，青果）。无论哪个品种的果实都很小，基本上为观赏用。果实虽然有些酸，但也是可以食用的。芭蕾苹果几乎不需要修剪，可以轻松地进行栽培。

[栽培要点]

芭蕾苹果喜爱日照良好、土壤肥沃的地方。由于它不耐暑，因此应种植在不会被午后阳光直射的地方，并且尽量避开夏季的炎热。如果想保证结出果实，最好种植两个品种以上并进行人工授粉。一旦断水果实就会落下，因此要注意防止干燥。

有着美味红色果实的莓子类伙伴

加拿大唐棣

Amelanchier canadensis

蔷薇科：落叶小乔木，高3～6m
别名：美洲唐棣

加拿大唐棣的果实。果实熟成红黑色时便可以食用了。

加拿大唐棣是原产于北美的落叶树木，它会自然地生长成较好的形状，因此作为庭院的标志树也十分具有人气。它的花期与樱花几乎相同，花在枝头成穗开放。差不多6月份的时候，加拿大唐棣会结出熟透的黑红色的甜甜的果实，因此被称为“六月莓”（June berry）。它秋季的红叶也可供欣赏，是十分有看头的树木。

[栽培要点]

加拿大唐棣喜爱日照良好、排水性和保水性俱佳的肥沃土壤。使其在树干上长出3棵立株即可。枝条最初直立生长，之后会横向伸展长成优美的树形，因此让它自然生长便可以了。树木的修剪也只是将过于混乱的以及不需要的枝条从杈部剪去，切口处应涂抹愈合剂。

培育方法有趣多样的水果

葡萄属

Vitis spp.

葡萄科：落叶木质藤本植物，长3～5m

缠绕在栅栏上的“藤稔”。粒大味甜，是非常美味的品种。

葡萄据说是世界上自古以来就被栽培的果树之一，作为家庭果树是相对易于培养的种类。葡萄有许多品种的树苗在市面上出售，最初应从易培育的品种开始。由于葡萄是自花授粉植物，因此一棵便可以结出果实。使其爬上栅栏或廊架便再好不过了。

[栽培要点]

葡萄喜爱日照、排水性良好、稍有黏性、较重的土壤。它不耐雨水，因此最好使其攀缘在屋檐下或为它做好避雨措施。4～5月开出白色的花朵，夏季至秋季结果。大粒的品种需要在花期后进行疏果，第一次疏果应在果实为小豆至大豆大小时，第二次疏果则在20～25天后进行，随后要立即套袋。

银绿色的叶子非常漂亮

油橄榄

Olea europaea

木犀科：常绿小乔木或乔木，高1.5～5m

秋季成熟了的油橄榄果实，家庭中也推荐用来制作腌菜等。

油橄榄原产于地中海沿岸地区，是推荐种植在温暖地带的果树。它作为观叶树也十分有价值，叶子的正面为深绿色，背面为银白色，抽芽时非常美丽。油橄榄在4～5月开出带有芳香的黄色小花，秋季时结出茶色至黑色的果实。由于它不是自花授粉植物，因此若想结果则需要种植两个品种以上。虽然家庭种植无法培育出可以榨取那么多量橄榄油的油橄榄，但也不妨做成腌菜品尝一下。

[栽培要点]

油橄榄喜爱温暖少雨的气候，应种植在可以避开寒风的地方。日照和排水性是关键，如果排水性不好则容易发生烂根现象。油橄榄就算是放任其生长，树形也会自然成形，因此以每3～4年一次的频率整理树形，将树冠内部的细枝条进行整理、剪除、短截等即可。修剪的适合时期为2～3月上旬。

可轻松培育的小型果树

莓子类这样的小型果树可以轻松地培育、收获。也推荐种植在花盆中，放在阳台或露台欣赏。小型果树既可以享受培育的乐趣，也可以品尝美味的果实。

蓝色的果实最适合制作果酱或点心

蓝莓

Vaccinium spp.

杜鹃花科：落叶灌木，高1～3m

蓝莓的果实。果实成熟后容易被鸟类吃掉，因此应张网等防止鸟害。

蓝莓在春季至初夏结出许多1cm左右的蓝紫色果实，是适合家庭种植的小果树。它原产于北美，据说有数百个品种，但一般见到的则是高丛蓝莓和兔眼蓝莓两个系统的品种。前者适合在寒冷地带种植，后者则适合在温暖地带种植。

[栽培要点]

蓝莓应在日照和排水性良好的地方种植。它喜爱酸性土壤，因此种植的土壤中应该混入大量未调整酸度的泥炭藓，不要撒入石灰等。若想大量结果则推荐同时种植两个品种以上。蓝莓虽然健壮但不耐干燥，因此要注意不要断水。剪定应在夏季和冬季进行，将细弱的枝条全部剪除进行疏枝即可。

红红甜甜的草莓的伙伴

树莓

Rubus spp.

蔷薇科：落叶灌木（稍藤本型），高2m左右

“夏印第安”鲜红而美丽的果实，它是初夏和晚秋结果的二季品种。

树莓是树莓属的一种，春季开花，初夏时结出许多味道清甜的红色果实，是在小庭院或阳台也可以顺利培育的小型果树。树莓有许多个品种，其中也有像“夏印第安”这样初夏和晚秋两次结果的品种。与其近缘的品种有黑莓、唐棣等，可以一同栽培。

[栽培要点]

树莓生长旺盛，它的地下茎伸展并迅速增加，因此应在地下设置隔断使其不要过分扩展，或者在容器中种植。若想结出大量的果实，很重要的一点是要不厌其烦地进行修剪和枝条的引导。收获后应将结果的枝条从杈部剪掉进行疏枝。秋季时将结果的枝条只剪去长出果实的部分即可。

黄色的果实仅观赏也令人愉悦

金柑

Fortunella japonica

芸香科：常绿灌木，高2m左右

成熟了的黄色金柑。除了可以带皮食用以外，将其切片做成沙拉也很好吃。也推荐做成糖煮水果或冰糖水果。

金柑是原产于中国南部的柑橘类水果，江户时代传入日本。夏季时它开出好闻的白色花朵，秋季至冬季结出黄色的果实。虽然它不耐寒，但在关东地区南部的地方是可以种植的。寒冷地区应种植在花盆中，冬季时移至室内即可。金柑有多个品种，其中金橘和日本金桔等品种十分美味，推荐种植。

[栽培要点]

金柑虽然健壮，但若不是在向阳处生长则无法结果，应在日照良好的地方种植。它不耐寒，因此冬季要进行防霜、防风等御寒措施。它自花授粉，不需要特别地进行人工授粉也可以结出果实。修剪的适宜时期为3月，将过于混杂的枝条从杈部剪掉进行疏枝，使阳光可以照射到植株的内部。

花朵和果实均可享用，易培育的梅子

郁李

Prunus japonica

蔷薇科：落叶灌木，高1.5～1.8m

红色的郁李果实。虽然也可以生吃，但更推荐做成果酱或果酒。

郁李原产于中国南部至北部，植株直立生长，在4月左右叶腋处会开出2～3朵五瓣小花。6～7月在枝条上结出许多1cm左右的红色球状果实，十分美味。郁李盆植也乐趣十足。而与它近缘的麦李（P. glandulosa）虽然开出淡红色的重瓣花朵，却不结果实（种的单瓣麦李则会结果实）。

[栽培要点]

郁李喜爱日照、排水性良好并富含腐殖质的肥沃土壤。剪定的适宜时期为1～2月上旬，应将树冠内部的细枝剪除。蘖和干生芽也应该彻底地剪除。树冠会年年变大，因此应以4～5年一次的频率在花期后进行强剪短截，使小枝进行更新。

蔬菜、药草、果树：培育可食用的植物

生长在容器里的混合沙拉

一个花盆中同时培育多种沙拉蔬菜，既不费工夫，还可以收获多种蔬菜，乐趣倍增！

1

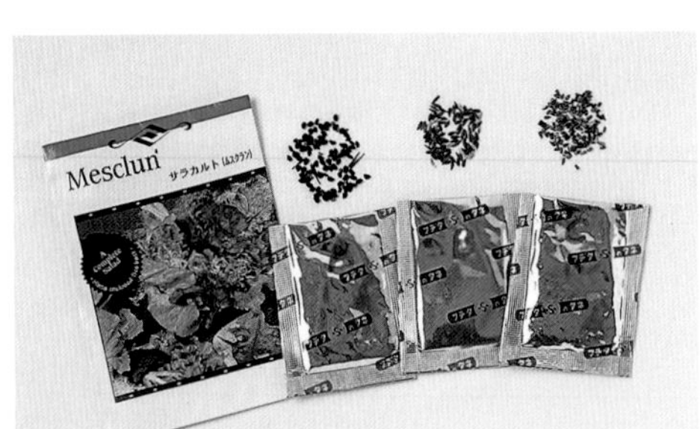

市面上出售的种子

市面上有以“混合沙拉”或“Mesclun”的名字出售的种子，其中的蔬菜包括苦苣、阔叶菊苣、食用蒲公英、韭黄、生菜、芝麻菜等。大多数情况下，种子分装在几个小袋中，每袋中有2～3粒，也可以单独购买蔬菜的种子自己进行混合。

2

均衡地播种

在较大的花盆中全面地进行播种，注意要保持蔬菜种类的均衡。在种子中混上少量的土则容易将种子薄薄地、均匀地播下。

3

盖上报纸

在上方薄薄地撒一层栽培用土后，盖上剪成花盆大小的报纸，在报纸上方用装有花洒的水壶或喷壶慢慢地浇水。之后也要勤奋地浇水，防止干燥。开始发芽了便可以取下报纸。

4

菜叶混杂了则进行疏剪

随着蔬菜的生长，可以将混合的部分少量地收获，作为嫩叶在沙拉中使用。要注意剩下的种类也要保持均衡。收获后应施加追肥。

5

从长大的叶子开始收获

将长大的叶子从植株外侧根据需要剪下进行收获。如果菜叶混杂，将整个植株收获也可以。要注意，混合沙拉应在日照良好的地方培育，还要避免让它干燥。

种植蓝莓

1

挖一个较大的树坑

蓝莓的根扎得浅且横向扩展，因此应挖掘一个直径 50cm 以上的树坑。蓝莓喜爱强酸性的土壤，因此应在树坑中加入大量未调整酸度的泥炭藓。

2

放置育苗盆确认深度

将坑挖掘至 40cm 左右、可以盛下育苗盆的程度。蓝莓的根不耐干燥，因此在种植之前，应将苗木保持育苗盆种植的状态。

3

浸湿栽培用土

在挖出的土壤中加入三成左右的泥炭藓并充分搅拌，将混合好的土壤的一半左右放入桶中，加水搅拌成泥，使其变成用手可以捧起的程度。

4

用栽培用土包住树苗

为了增加湿气使新根更容易生长，将苗木从育苗盆中剥出，在根的周围用浸湿的泥包裹，使其与泥球紧密结合。

5

种下后往水坑中浇水

在树坑的中心放入已包裹好的苗木，用剩余的栽培用土盖住。注意不要种得太深。用周围的土做一个酒酿潭，用水桶浇水。

6

支撑及护根

水浸透之后将酒酿潭抹平，架起支柱，用绳子固定使苗木不要晃动。在植株根部盖紧泥炭藓或木屑防止干燥（护根）。

庭院打理的基础知识

春季 SPRING
夏季 SUMMER
秋季 AUTUMN
冬季 WINTER

通过日常的打理
使生活更加丰富

如果要养猫的话，需要给它喂食、打预防针、梳理毛发等日常的照料。植物也是生物的一种，要想保持庭院的恬静和美丽，日常的打理也是非常重要的。

虽然随着植物种类的不同打理方法也有所差异，但也有以季节分开、大多数植物共通的打理方法，本章就为大家介绍配合四季变化的打理方法。

四季气候的鲜明变化，可以让我们通过培育多彩的植物，一年中都能享受庭院中每季特有的乐趣。

按季节进行打理，还可以注意到现代生活中很容易忽视的微妙的季节变化。可以说，这也许是园艺最大的乐趣。庭院的设计，为日常生活增添了丰富的色彩，请尽情地体会这份喜悦吧。

春季 SPRING

辛勤的打理让花盛开

将春季的花坛整理得优雅美丽

春季是百花齐放的季节。天气变暖，植物也迅速地生长，所以应当配合这一点进行打理。这是一年中最忙的时期。

勿忘草、喜林草等许多富有魅力的花苗在这个时候上市。秋季没有制作花坛的话，则应尽早种植开花苗，进行春季花坛的制作。就算是秋季种下了植物，冬季期间也可能有枯萎或因生长不良造成生长缓慢的植株，这种情况下只要购买开花苗进行补充，便可以将花坛整理得优雅美丽。

秋季时整理过的种下了郁金香等球根花卉的春季花坛。春季植物生长迅速，因此病虫害也会迅速地扩散。应尽早发现尽早处理。

固体肥料

春季较早的时候施加固体肥料的追肥效果较好。在植株根部挖一个坑，将肥料埋进去。应选择氮、磷、钾配比均衡的肥料。

液肥

气温上升、花朵大量开放的时候，应施加有速效性的液肥。推荐选择富含磷酸的种类。

肥料应在必要的时候适量施加

接连不断开花的植株容易养分不足，应施加追肥进行补充。具有速效性的液肥，应用大量的水稀释后使用。如果为了促进开花，则富含磷酸的肥料最合适。成分的比例一般写在标签上，应确认后再购买。如果为了在春季开始时植株丰满，则可以选择固体肥料作为放置肥使用。

播种和球根的种植

像蝴蝶草属、藿香蓟等春播草本花卉，应在到了温度适合发芽的时期进行播种。适合的播种时期可以在种子包装上确认。像大丽花、唐菖蒲等夏季开花的球根花卉也有适合种植的时期。在花坛等地直接种植时，应种在3个球根深的地方。盆植只需种在1个球根深的地方便足够了。要注意不要错过适合种植的时期进行作业。

在 3 个球根深处种植

种植球根时，要将其种在适合它的深度。花坛种植的情况下，一般认为 3 个球根深的地方较为合适。太深或太浅都不能很好地生长。

不要弄错播种时期

种子分为春播种子和秋播种子。如果搞错了播种时期，即使发了芽，日后的生长也会出现障碍。应参考种子包装或园艺书籍进行确认。

四季开放的月季，花凋谢时应将花茎剪掉。结实会消耗植株的体力，使之后难以开花，因此要特别注意。

花开完后要剪除残花

三色堇等一年生草本植物，一旦结出种子下次便不会再开花。为了不使开完的花结种，应从花颈处将残花剪除。勤奋地持续这项作业，可以使花开至梅雨时节之前。

蔷薇应将有残花的枝条剪除，葡萄风信子若想使其第二年开花，也应将花茎剪下使球根增大。

葡萄风信子等球根花卉，为使其来年继续开花，应尽早剪除开过的花，避免其结出种子。

应对暑气和干燥要趁早

春季开花球根植物的照料

郁金香、葡萄风信子等为春花坛添彩的球根花卉，到了夏季叶子会枯萎变黄。若想使其来年开花，应将球根挖出并去掉土放入网袋中，直至秋季种植的时期都悬挂保存在通风良好的半日阴处。最好用水彻底清洗，浸泡在杀菌剂中进行消毒备用。

像水仙、绵枣儿属等花卉种下后放置则可以数年开花。应将茶色枯萎的叶子轻轻地去除。每三年将球根挖出一次重新种植。

水仙属虽然可以种植后放置数年，但茶色枯叶如果放置不管的话则会腐烂，可能会成为植物生病的原因。

过强的日光可能会加剧干燥。在不便浇水的时候，使用苇帘子遮光，比起直接将植物放在向阳处更能减轻伤害。

防止强烈日光照射

像洋凤仙或叶子带斑纹等不喜欢强烈日光直射的植物，应使用苇帘子、寒冷纱、遮光网等遮蔽日光。如果需要重视美观性，巧用风船葛、牵牛花等攀缘型植物打造一个屏风也是很好的创意。这样需要离开家几天的时候，也可以有效地遮光。盆植的话，移动到日阴处即可。

防止闷蒸，凉爽地度过夏天

高温多湿的夏季，对于许多植物来说都非常难熬。特别是原产于欧洲或野生于凉爽的山岳地区的植物，虽然有些会通过休眠度过这个时期，但如果想要使它们舒适地度过夏季，很重要的一点是要尽可能地防止闷蒸、增强通风。庭院树木密集的枝条要进行整理疏剪，使树枝间留出空隙；直立型的草本花卉要去除下方由于闷蒸而受损的叶子；或是将一侧长出的细芽进行修剪，从而增强通风。

将玉簪下方的叶子剪除增强通风，使它凉爽地度过夏季。被闷蒸过的叶子会变黄变色，要从外侧开始按顺序剪除。

傍晚时应从叶子的上方浇水，使叶子表面温度下降。早晨如果将水浇到叶子上的话，白天会造成闷蒸，因此要把水浇在植株根部，而不要浇到叶子上。

夏季浇水需注意

在易高温、水分易蒸发的夏季，断水会成为植物的致命伤，甚至导致植物枯萎，故应尽可能在早晨或傍晚等凉爽的时间充分浇水。即使在不方便随时浇水的地方，也不要在花盆托盘中连着几天储水放置，这样有可能引起烂根导致植物枯萎。室内观叶植物要特别注意。

种子和球根的种植及过冬的准备

种子和球根的种植

九月虽有残暑和台风，但到了秋分之时，秋季的草本花卉就美丽地绽放了。从这个时候到霜降的期间，则需要为过冬的准备和春季的准备而忙碌起来了。

早晨和傍晚时天气变凉爽了，便要尽早将秋播草本花卉进行播种。先在育苗盆中培育，本叶长出5~ 6片以上便可以种植到花坛或容器中。一旦晚于播种的合适时期播种，植株在长结实之前冬季就会到来，这样苗可能会难以度过冬季，因此不要错过最佳的播种时期。同样，也不要忘了秋植球根的种植。

水仙属、花毛茛属种植的适宜时期在秋分后，而葡萄风信子、郁金香则是在10~ 11月。

为种植了三色堇、菊花等植物的春花坛进行准备。郁金香等球根花卉要在草本花卉种植之前先种好做准备，要留意种植的深度和间隔。

分株将植物更新

像百子莲、忘都草等许多的多年生草本花卉，一旦种下后便可以欣赏数年。但是，生长几年后植株的根部变得密集，通风就会变差，成为闷蒸或生病的原因。另外，植株长得太大的话会变得不易长出花芽，因此，为了使植物重获活力需要进行分株。

分株的适宜时期为秋季和春季的开始。小心地将植株从外侧挖出，从容易分根的地方将植株分成2~ 3份后重新种植。

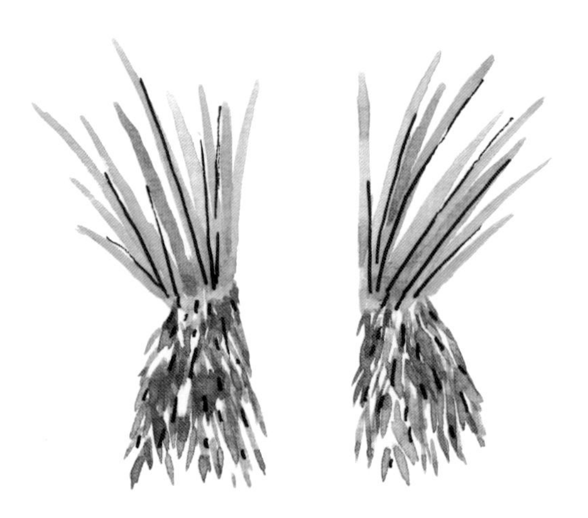
为了不使挖出的根干燥，应尽早进行作业。仔细观察，在根自然分开的地方用锋利的刀切割。注意不要分割得太细。

将不耐寒的草本花卉移入花盆中

像木槿、苘麻、五彩芋这样的热带或亚热带生草本、木本花卉，原本虽是多年生，却在冬天枯萎的植物也有许多。

这样的植物种植在花盆中移入室内进行保护则可以过冬。有的种类只要放在不会被北风吹到的屋檐下等地就可以了。在花坛中种植的植物，也推荐在秋季挖出种植到花盆中过冬，春季时再次种回花坛。

土丁桂虽是多年生草本植物，但大多不耐寒。挖出种入盆中过冬的话，来年会长成更大的植株。为了不伤到根，挖掘时要从外侧较大范围地挖出。

轻轻将土抖掉，在大一圈的花盆中用新的栽培用土种植。

种植在土地中、无法移动的植物，要仔细地架起支架进行固定加强。固定的绳子也最好重新系紧以防万一。

减轻台风灾害

夏末至秋季时，需要采取台风的应对措施。在台风临近时，要在风变强之前做好准备。

台风灾害中最多的是花盆被强风吹走或吹倒，放在架子上的花盆要移动至风力较弱的屋檐下等地，吊篮等也要提前摘下放到地面上。

将较高的树木盆植等预先倒放可以防止被风刮倒、折断树枝等灾害。在土地中种植的庭院树木等则需架起支柱进行加固，或者用绳子将树枝绑住。

台风过后，尽早地恢复原状也是非常重要的。

在大型台风或暴风雨来临之际，将种植在花盆或其他容器中的植物事先移至室内，便可以安心度过了。

迎春的准备和庭院树木的打理

造土的好时机

冬季期间，可以考虑以春季开始的新一年的计划。12月初收集当季一起寄出的邮购目录也是一件有趣的事。秋季没有种植花苗的花坛，不要就这样等到春季，而应该在这个时期提前进行土壤的准备。例如，将受霜枯萎的草本花卉和植物的根等去除，将下方的土壤翻出来铺在表面等。暂时经受一下寒风的洗礼，土壤会变得更加优质。

在翻耕后经历了一番寒风的土壤上撒入苦土石灰并再次搅拌混合。土壤整体变得稍稍发白即可。

进行护根防止冻结

秋季时种下的水仙属、郁金香等球根，稍稍长出芽了，而这时刚好到了开始结霜的时候，如果将球根挖出的话，好不容易长芽的植株的根可能会断掉，或者直接露出地面变得干燥。为了防止这种情况发生，要在土地的表面覆盖腐叶土或稻草。这种覆盖土表进行保护的作业就叫做护根。

以郁金香、葡萄风信子等球根的植株根部位于中心，仔细地盖紧稻草或腐叶土。植株根部可以稍微盖得厚一些。

修剪和引导蔷薇的适宜时期

若想让蔷薇开得美丽，冬季的维护非常重要。

木本直立型的蔷薇，要将不丰满的细枝和无用枝进行缩减，一边注意整体的平衡性，一边从上方缩减1/3~ 1/2的长度。

藤本型蔷薇则要将旧藤蔓（枝）剪掉，将新长出的藤蔓引导到栅栏等上面，用绳子或塑料结重新绑住。

这个时候撒一些石灰硫磺合剂可以减轻第二年的病虫害。

用锋利的剪刀将枝腋处长出的细枝和混杂重叠处不丰满的枝条从杈部附近剪掉。

缩减至整体的 1/2 长度并重新引导后的蔷薇。在稍微离开栅栏的地方架起支架进行辅助。

庭院树木的根扎得又广又深。在距离植株根部 1m 左右的地方像画圆圈一样挖一个沟，挖沟的同时也翻新了周围的土壤。

在挖好的沟中加入含有有机质的肥料。冬季至春季，有机肥料会在土壤中分解转换成养分。如果不盖上土则容易被风雨吹走或冲走，因此要在肥料上方轻轻地盖上一层土以防万一。

庭院树木的维护

落叶树木应在冬季进行剪定。如果不修剪、放置不管的话，树会越长越高，树形也会被打乱。树木根据种类的不同，开花的位置也不同。这个时期由于大部分树木都已经长出了花芽，因此要尽可能地保留花芽，一边确认位置一边进行修剪。

剪定完成后，应施加肥料为第二年植物的健康生长打下基础，这叫做寒肥。使用的是调配了油渣等有机质的肥料。

内 容 提 要

本书能够给初次尝试家庭园艺设计的人提供详尽的指导。在介绍庭院设计基础时，采用大量图片与示例，操作简单，效果美观；在介绍庭院植物时，充分考虑到初学者的状况，选择的植物多以容易栽培的种类为主。全书图文并茂，帮助家庭园艺初学者快速入门，从而进一步打造出拥有独特风格的庭院。

北京市版权局著作权合同登记号：图字 01-2016-8946 号

本书通过韩国爱力阳版权代理公司代理，经日本株式会社主妇之友社授权出版中文简体字版本。

Chisana niwa zukuri

图书在版编目（C I P）数据

修篱筑道 ： 家庭庭院的设计与布置 / 日本株式会社主妇之友社著 ； 梁晨译. -- 北京 ： 中国水利水电出版社, 2017.6（2022.8 重印）
ISBN 978-7-5170-5517-4

Ⅰ. ①修… Ⅱ. ①日… ②梁… Ⅲ. ①庭院－园林设计 Ⅳ. ①TU986.2

中国版本图书馆CIP数据核字(2017)第137946号

策划编辑：杨庆川　　责任编辑：陈洁　　加工编辑：张天娇　　美术编辑：郭立丹

书　　名	修篱筑道——家庭庭院的设计与布置 XIULI-ZHUDAO——JIATING TINGYUAN DE SHEJI YU BUZHI
作　　者	【日】株式会社主妇之友社　著　梁晨　译
出版发行	中国水利水电出版社 （北京市海淀区玉渊潭南路 1 号 D 座　100038） 网　址：www.waterpub.com.cn E-mail：mchannel@263.net（万水） sales@mwr.gov.cn 电　话：（010）68545888（营销中心）、82562819（万水）
经　　售	北京科水图书销售有限公司 电话：（010）68545874、63202643 全国各地新华书店和相关出版物销售网点
排　　版	北京万水电子信息有限公司
印　　刷	雅迪云印（天津）科技有限公司
规　　格	184mm×240mm　16开本　9印张　228千字
版　　次	2017年6月第1版　2022年8月第11次印刷
定　　价	50.00元